Un método ágil para pasar de ideas a ingeniería conceptual en ciclos de un mes

Nuevas formas de trabajo para la gestión de proyectos de ingeniería industrial

Por

Daniel Sánchez Sánchez

Rafael Moreno Badía

BELLISCO

Ediciones Técnicas y Científicas

MADRID

1ª Edición 2024

© Daniel Sanchez; Rafael Moreno

© BELLISCO. Ediciones Técnicas y Científicas

   Cebreros 152. Local Posterior

   28011 MADRID

Teléfono: **91 464 18 02**

Correo Electrónico: **información@belliscovirtual.com**

PEDIDOS:

    1.   *Por Teléfono: 91 464 18 02*

    2.   *En web,* ***www.belliscovirtual.com***

    3.   *Correo Electrónico:* ***pedidos@belliscovirtual.com***

    4.   *En su librería habitual*

Impreso en España

Printed in Spain

ISBN: 978-84-128031-8-1

Depósito Legal: M-15819-2024

IMPRESO POR: SERVICEPOINT. Madrid

Agradecimientos

Escribir un libro es una empresa que a menudo es iniciada en soledad por sus autores, pero que raramente concluye de la misma manera.

Este libro no es una excepción, y por ello nos gustaría agradecer aquí la aportación de tantas personas sin cuya participación estas páginas no habrían visto la luz.

Gracias a todos los compañeros que nos acompañaron en la aventura de poner a punto la metodología Flow Engineering y formaron parte del equipo de proyecto desde una u otra posición, contribuyendo a que nuestra visión inicial acabara convirtiéndose en una realidad.

Gracias a nuestros sponsors del negocio, y también a nuestros responsables directos, que nos dieron la oportunidad de probar la metodología aun cuando el resultado no estaba garantizado, dándonos tiempo y margen para responder a la pregunta "¿Y si...?"

Gracias a las ingenierías, tecnólogos y empresas colaboradoras que participaron en el proyecto: ellos también apostaron por la metodología, no escatimando esfuerzo y dedicación para cumplir los objetivos marcados.

Quisiéramos también mencionar de manera especial a algunas personas cuyo peso en el proyecto ha sido muy relevante.

Miguel Angel López-Andreu, Víctor García Losada: Flow Engineering está en deuda con vuestra capacidad de sufrimiento, paciencia y resiliencia durante el proyecto. Gracias por estar ahí en los momentos difíciles de partido. Con vosotros en el equipo, nada es imposible.

Gracias a Miguel Escribano por habernos transmitido sus conocimientos en gestión de proyectos, dándonos soporte en la formación de los equipos Agile durante el arranque de la iniciativa. Esto nos ayudó a ganar una credibilidad y apoyo sin los que nos hubiese sido muy difícil continuar.

Antonio Vidal nos compartió valiosos consejos y reflexiones gracias a los que supimos pivotar a tiempo en incontables ocasiones. Su humanidad y capacidad inherente para leer los diferentes momentos y situaciones nos guiaron a lo largo del proyecto, enseñándonos una lección importante: el valor lo crean las personas.

Gracias finalmente a nuestras familias y amigos, por su paciencia y comprensión.

Todos vosotros nos habéis acompañado a lo largo del camino hasta llegar aquí.

Como dice el proverbio africano:

Si quieres ir rápido ve solo, si quieres llegar lejos ve acompañado

Madrid, Junio 2024

Contenido

Prólogo

La semilla de este libro surgió en el año 2021. Los autores trabajábamos dentro de una compañía energética en pleno proceso de transformación hacia las energías verdes, dentro de un departamento de Excelencia desde donde impulsábamos diferentes iniciativas de mejora de procesos, innovación tecnológica y digitalización.

Una de nuestras líneas de trabajo estaba relacionada con la mejora continua y el cambio en las formas de trabajo, a través de metodologías como Lean Manufacturing que, si bien ya eran ampliamente conocidas ya en otros sectores, todavía son relativamente novedosas en su implantación en el sector energético. Una de las reflexiones que nos hicimos entonces fue el enorme reto que suponía cumplir con los compromisos adquiridos por nuestra compañía para la reducción de emisiones de carbono hasta el año 2030, lo que implicaba ejecutar una gran cantidad de proyectos de mejora en las instalaciones industriales en un plazo muy corto.

Se nos antojaba muy difícil que, siguiendo los procedimientos y cauces normales y sin una aportación extraordinaria de recursos, se pudiesen completar a tiempo todas esas iniciativas.

Esta reflexión dio pie a la primera propuesta de una nueva forma de trabajar basada en principios ágiles para la ejecución de proyectos. El diseño contenía todo lo que habíamos aprendido de Lean y las metodologías ágiles y la experiencia previa de varias personas de nuestro equipo en la ejecución de proyectos de ingeniería de plantas industriales.

Aproximadamente un año más tarde del planteamiento de nuestra idea, conseguimos luz verde para probar una nueva metodología en un proyecto piloto que pusiera a prueba nuestro concepto. El piloto consistió en desarrollar simultáneamente la ingeniería conceptual de 14 proyectos de mejora de eficiencia energética relacionados con la recuperación de calor en hornos de diferentes unidades de proceso.

Teníamos mucha fe en nuestra idea, pero ninguna experiencia en su implementación, y tampoco andábamos muy sobrados de recursos, ni de tiempo.

Podría decirse que estábamos en la pantalla inicial de cualquier videojuego. Pero esto era algo real y ya nos habíamos comprometido.

Tras probar diferentes planteamientos e ideas, montar el equipo de trabajo y armarnos de las herramientas que necesitábamos, arrancamos el proyecto y comenzamos a aprender sobre la marcha a partir de nuestros propios errores y de los contratiempos y problemas que iban surgiendo.

Unos 6 meses más tarde dimos por concluido el piloto, cumpliendo con los objetivos de entrega que el cliente nos había marcado.

Existen dentro del equipo diferentes opiniones sobre si finalmente este piloto supondrá un impacto duradero en la organización, abriendo la puerta a una nueva forma de hacer proyectos, o bien se quedará como una simple anécdota.

Hay consenso, sin embargo, en que lo que lo que aprendimos merecía ser compartido, y que esto por sí solo ya suponía una aportación de valor que perduraría en el tiempo.

Así fue como decidimos escribir.

Flow Engineering

¿Por qué leer este libro?

Este libro está inspirado en los principios ágiles de gestión de proyectos y la filosofía Lean. Según estos principios, la primera aportación de valor es la de evitar el desperdicio. Por lo tanto, y considerando que para el lector su propio tiempo es el recurso más valioso, lanzamos ya una primera advertencia:

Deja de leer este libro y no pierdas tu tiempo...

Si has decidido continuar leyendo, aunque sea unos párrafos más, intrigado por lo que sigue, hazlo ya sobre aviso y preparado de lo que viene.

- Este libro no es un conjunto de recetas y trucos para aumentar la productividad en los proyectos. Si era lo que estabas buscando en él, no sigas leyendo.

- Tampoco un manual de autoayuda para gestionar mejor el estrés y la carga de trabajo.

- Para aquellos que no os gusta cambiar algo que ya funciona y preferís evitar riesgos permaneciendo en zona segura, este tampoco es vuestro libro.

En cualquiera de los tres supuestos anteriores, deja de leer y habrás evitado una pérdida de tiempo.

Al pasar esta página quedaréis menos lectores. Aquellos que seguís adelante, ¿qué esperáis encontrar en el libro?

Este libro va de hacer cambios

Cambios que son urgentes en tu organización, que demanda mayor eficiencia y rapidez a la hora de ejecutar proyectos, pero cada vez en condiciones más difíciles y con menos recursos disponibles.

Cambios en tu planteamiento como profesional, en tu enfoque sobre qué es lo importante, dónde reside el verdadero valor, en qué merece la pena dedicar tu esfuerzo y cómo optimizarlo.

Cambios en la forma en que trabajas con el resto de las personas de tu equipo para conseguir entornos de trabajo más colaborativos y gratificantes, en los que la aportación de valor de cada persona es reconocida y apreciada.

Cambios que finalmente impliquen "hacer cosas" que perduren y que den un valor útil a nuestra sociedad actual, la cual afronta grandes desafíos y tiene exceso de problemólogos faltando urgentemente solucionólogos (la cita es de Quino).

En el contexto de las organizaciones como en la que tú trabajas, los cambios se llevan a cabo a través de la ejecución de proyectos, iniciativas, programas de mejora, etc.

Este libro explica una nueva forma de hacer proyectos, buscando la máxima entrega de valor con el mínimo gasto de recursos en el menor tiempo disponible.

Se inspira en conceptos de los que se habla desde hace tiempo, y que probablemente te sonarán: Agile, Lean, enfoque al valor, etc. Se basa también en lo que tú ya sabes de tu negocio o ámbito profesional, y de otra cosa de la que conviene tener buenas reservas: sentido común.

Te puede sonar bien, pero si decides poner en práctica lo que aprendas en este libro, te adelantamos que puedes acabar haciendo cosas que te meterán en problemas. Asegúrate de que es por una buena causa.

Y ahora, si sigues leyendo, es bajo tu propia responsabilidad.

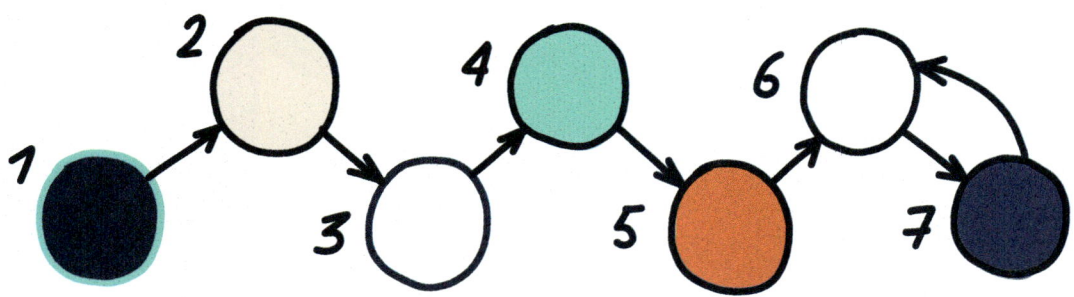

NUESTRO **PUNTO**
DE PARTIDA

1

1. Nuestro punto de partida

En el momento que se lleva haciendo proyectos de ingeniería de una misma forma y con un método muy definido y arraigado en la industria, el tratar de cambiar el paso está abierto a encontrar algunas resistencias.

Cuando planteamos al director de ingeniería que teníamos que implantar otra forma de trabajar para los proyectos de eficiencia energética, frente a las demandas cada vez más complejas de nuestra área de operaciones, tuvimos que responder a una simple pregunta: ¿Por qué? La respuesta fue convincente: "tenemos que ser más ágiles porque el reto es mayor".

Esta respuesta nos dio impulso para pensar en nuevas formas de gestionar los proyectos. Si contábamos con el convencimiento de la dirección, tan solo teníamos que diseñar algo bueno y ponernos a ello para poder desplegarlo y ponerlo a prueba.

Espera... esto ya sabes que no va así... Ahora teníamos el paso más difícil: convencer a los responsables de los equipos que realizan los proyectos.

Las respuestas ya podréis imaginar por dónde iban. Cuando se comenzó a hablar de hacer proyectos con una nueva metodología en ingeniería, las opiniones eran dispares.

El proceso de convencimiento tanto de los responsables como de los propios ingenieros, operaciones y algunos otros interesados, supuso un reto que siguió durante todo el proyecto.

La primera propuesta

La propuesta de esta nueva forma de trabajar en proyectos partía con la misión de dotar de una mayor agilidad al proceso de diseño y desarrollo de ingeniería.

Definimos los objetivos que sirvieron como brújula para establecer el mejor método de gestionar proyectos.

- Realizar una gestión de la incertidumbre en fases iniciales y reducir costes de cambio a largo plazo.

- Establecer un enfoque colaborativo cliente – equipo de desarrollo desde la fase de incubación de proyectos.

- Generar una cultura y flujo de trabajo que se enfoque en la entrega de valor constante, tratando de optimizar los desarrollos de ingeniería y entregables a los mínimos necesarios.

- Optimizar el tiempo de ciclo del proyecto reduciendo el ciclo de vida de los proyectos de 24 a 15 -16 meses.

- Garantizar un mapa de colaboraciones tanto a nivel interno como con terceros (expertos, proveedores, etc.)

- Habilitar una capacidad constante de adaptación al cambio pivotando en caso necesario.

Encontrar un sistema eficiente para poder valorar, priorizar y desarrollar proyectos, que cada vez se iban a ir volviendo más complejos, era clave para lograr los objetivos de reducción de emisiones de carbono.

Por otra parte, tanto nuestra compañía como otras del sector industrial, estábamos entrando en un periodo donde los proyectos encaminados a la mejora de la eficiencia energética de las operaciones cada vez eran mayores. Uno de los aspectos más importantes en nuestro planteamiento debía ser encontrar un modelo de colaboración a largo plazo con compañías proveedoras de estos servicios, ya que la disponibilidad de recursos estaba comprometida a medio plazo dada la alta demanda que se preveía.

Nos lanzamos con nuestro planteamiento y a refinar la propuesta. La combinación en el equipo personas que llevaban más de 25 años haciendo proyectos en la compañía con otras personas con experiencias en gestión de proyectos y mejora de productividad hizo posible nuestro primer planteamiento.

Los principios sobre los que basamos el primer borrador fueron:

- **Orientación a objetivos:** definir el objetivo prioritario es clave para generar un flujo de trabajo eficiente durante todo el proyecto. Se deben entender cuáles van a ser las restricciones y la elasticidad que se tendrá para alcanzar el objetivo en cuanto a coste, alcance y planificación.

- **Tener un mapa:** en entornos de alta incertidumbre y dinamismo se debe contar con un mapa que permita a los equipos de trabajo organizarse en base al mismo. Es importante asumir que, conforme se vaya avanzando, este mapa se deberá adaptar de forma eficiente y rápida a los nuevos escenarios que vayan apareciendo.

- **Tecnología:** el potencial tecnológico sirve de catalizador de desarrollo de nuevos proyectos clave donde la incertidumbre es alta. Contar con nuevas soluciones cuyo alcance debe ser descubierto, desarrollado y evaluado en fases iniciales, exige que se trabaje de forma colaborativa y directamente con expertos que proporcionen su conocimiento. Esto será clave para los diseños de los proyectos y la definición de sus planes de ejecución.

- **Talento:** contar con el talento de las personas, su involucración y colaboración es un factor clave para el éxito de los proyectos. Se deben ofrecer entornos de trabajo que favorezcan el desarrollo del potencial de los equipos de proyecto hacia el mismo y además generar un nivel de autonomía que empodere a los equipos.

- **Mejora Continua:** generar un método de trabajo basado en el enfoque a objetivos, con una hoja de ruta clara, así como con medios y conocimientos adecuados. Es necesario incitar a las personas a no solo conseguir los objetivos, sino también a generar un espacio de trabajo que busca la excelencia en la ejecución, y con ello promover la mejora continua sobre cualquier ámbito.

Desarrollamos un marco que cubría todo el ciclo completo, desde ideación de proyectos, pasando por el diseño de ingeniería conceptual y concluyendo con la ejecución, donde se definía la metodología de trabajo a seguir en cada fase.

Un sistema de gestión de proyectos que incorporaba las principales normas mundialmente conocidas sobre gestión de proyectos, prácticas de expertos en ingeniería, pero sobre todo lo que más impacto tuvo fue la consideración de las prácticas y cultura de la propia compañía. Esa fue la clave para lograr un primer enfoque que hiciera posible el cambio.

Primer borrador metodología Flow Engineering

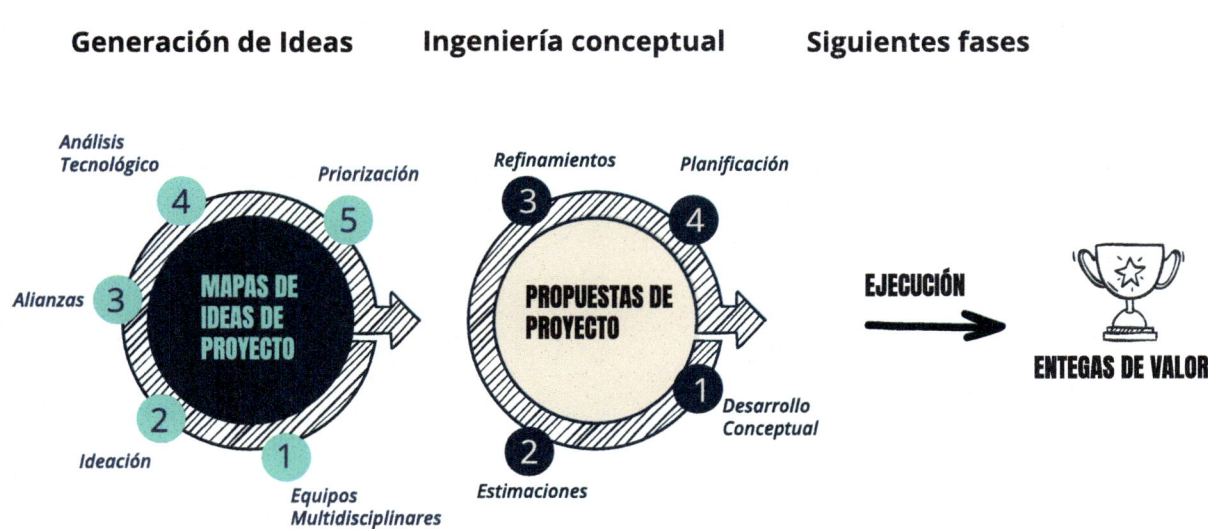

La virtud de no tener apego a tus ideas y saber pivotar

El primer feedback que recibimos fue de parte del jefe de ingeniería local que nos resumió nuestra metodología en:

"Operaciones debe darnos las bases de diseño y nosotros pedimos a nuestros proveedores la ingeniería conceptual".

Resultado: negación a la mayor. No hemos sabido explicarnos bien.

A raíz de ahí pivotamos. Creímos que si conseguíamos un proveedor que aunara la gestión eficiente de proyectos con la experiencia de ingeniería técnica, todo sería más fácil y podríamos abrir una ventana para conseguir implantar aspectos de nuestra metodología y, poco a poco, ir demostrando que nuestro planteamiento era correcto.

La encontramos. Era una empresa de reconocido nombre en ingeniería y que había realizado proyectos de construcción de forma ágil. Hablamos con nuestra dirección y parecía que esta colaboración convencía, también al cliente, incluso al jefe de ingeniería local le sonaba mejor. Para éste, la parte de experiencia en ingeniería técnica sería lo que mayor peso tendría en el día a día de esta empresa, y eso era lo importante para él.

Cuando comenzamos a hablar con ellos, nos dimos cuenta de que lo que nos ofrecían no era precisamente lo que nosotros esperábamos.

Empezamos a ver aspectos contractuales, compromisos, límites de batería, etc. Nos pareció poco ágil para lo que estábamos buscando.

Habiéndose comunicado estas intenciones de colaboración, y con cierta aceptación por parte de todos los involucrados, llegamos a la conclusión de que no era el camino correcto.

Nos tocó hacer una apuesta valiente. Convencer ahora de que lo que en realidad necesitábamos era un equipo experto en gestión ágil de proyectos que nos diera mayor flexibilidad a la hora de diseñar e implantar nuevas formas de trabajo, y no ceñirnos a un modelo de colaboración tradicional con ciertos conceptos ágiles que al final no esperábamos tuvieran un calado transformador.

Estuvimos un tiempo con el marcador abajo, pensando si nos merecía la pena continuar con nuestra idea de cambiar la manera de trabajar en proyectos.

Un viernes por la tarde, le comunicamos al director de ingeniería que queríamos continuar, descartando a esta empresa de ingeniería y decidiendo de que lo que íbamos a hacer era montar nosotros el equipo seleccionando a las personas que nos dieran toda la experiencia, capacidad, flexibilidad y confianza.

La respuesta fue positiva. Teníamos la ocasión de seguir avanzando. Ahora tocaba comunicar al cliente de nuestro cambio de estrategia. Hubo momentos de presión con el cliente, pero todo acabó de la forma más fácil.

Nosotros teníamos total responsabilidad en la implantación de la nueva metodología y de los resultados del proyecto.

Conseguimos vender la idea de que podíamos hacer proyectos de una forma distinta a la arraigada en la compañía.

Aunque con mucha presión interna encima, teníamos ocasión de ser punta de lanza y conseguir avances en eficiencia y sostenibilidad dentro del sector.

Esa era realmente la meta.

Transformando la manera en la que se gestionan los proyectos de ingeniería

UN NUEVO ENFOQUE

2

2. Un nuevo enfoque

¿Por qué la cascada no es para mí?

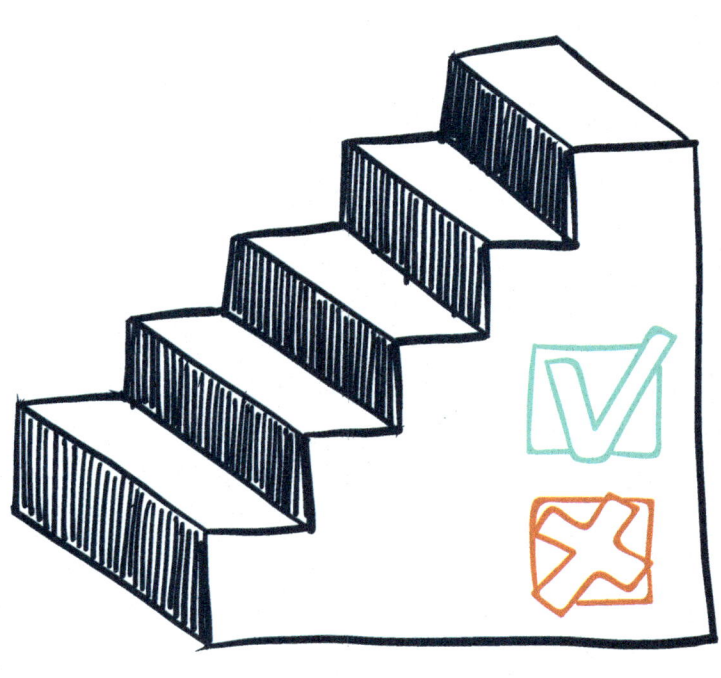

Tradicionalmente los proyectos de ingeniería están sometidos a una serie de procesos conocidos con un alto nivel de desarrollo y documentación.

Desde el paso de la idea de un proyecto al inicio de ejecución se deben cubrir una serie de etapas incrementales y secuenciales:

Flujograma general de desarrollo de ingeniería

Estos proyectos se caracterizan por considerar una premisa fundamental:

Los requisitos son conocidos y entendidos en gran parte desde el principio.

Pero ¿qué ocurre cuando esto no es así?

Se producen dos escenarios:

1. Se comienza a trabajar en la ingeniería conceptual y a medida que se van desarrollando los entregables se descubren nuevos aspectos del alcance.

Esto provoca:

- Retrabajos por ajuste de cambios o ampliaciones de alcance.

- Un tiempo mayor de desarrollo.

- Potenciales pérdidas de fiabilidad del alcance real y estimaciones.

2. Se genera un proceso iterativo entre la ingeniería y el equipo de desarrollo para tratar de definir el alcance donde no siempre intervienen todos los interesados, por lo que puede darse el riesgo de no contar con la visión de todo el mundo en este momento del ciclo de vida del proyecto.

Esto provoca:

- Potenciales pérdidas de fiabilidad del alcance real, estimaciones y futuros costes de cambios de alcance.

Sabíamos que nuestros proyectos tenían una alta incertidumbre en la definición del alcance. Adicionalmente en otros proyectos anteriores de temática similar se habían observado cambios significativos de alcance por no contar con las aportaciones de las partes involucradas desde el principio, lo que retrasó considerablemente el paso de idea a ingeniería conceptual.

La concurrencia de estos dos factores ponía de manifiesto la existencia de un alto riesgo de incumplimiento de los objetivos marcados en el proyecto, haciendo evidente la necesidad de establecer un nuevo marco de trabajo. La metodología de gestión de proyectos en cascada (waterfall) no era válida para nosotros.

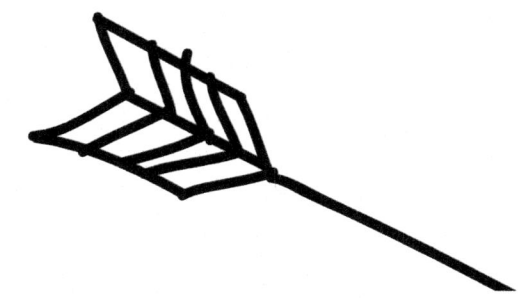

La *agilidad* como base

Nuestro porfolio estaba formado por proyectos de ingeniería en fase idea con baja definición de alcance y con un alto riesgo a la hora de seleccionar el enfoque correcto de desarrollo. Esta tipología de proyectos nos hizo pensar que el enfoque ágil de gestión de proyectos podría ser una buena elección en nuestro caso. Y más aún en el paso de idea a ingeniería conceptual.

El valor de un nuevo enfoque más ágil

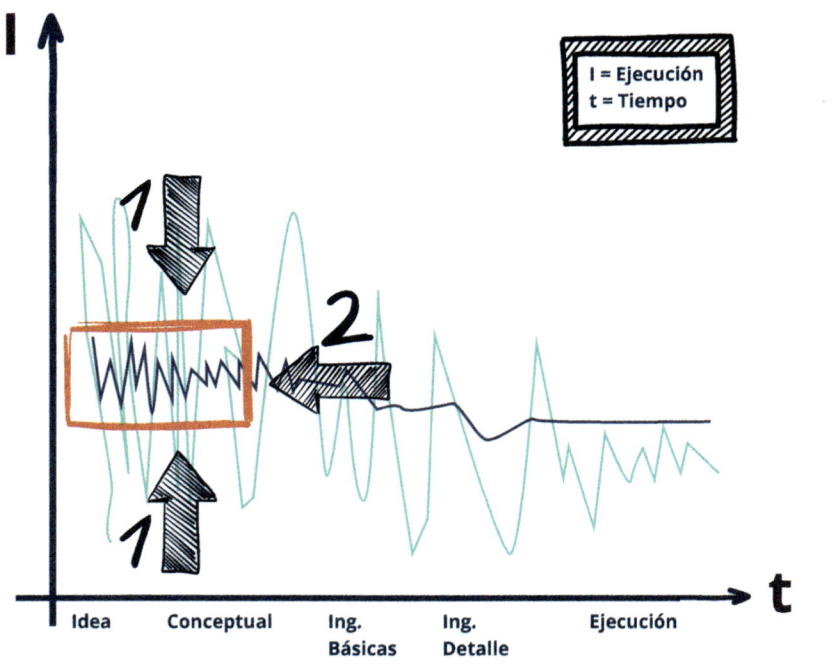

1. Reduce la incertidumbre en la definición del alcance

2. Acorta tiempos de desarrollo de la ingeniería conceptual

En el paso de la idea a la ingeniería suele ocurrir que, en determinados casos, se obvian aspectos que influyen posteriormente en las dos siguientes fases.

El grado de análisis y detalle con el que se trabaja en la primera fase no suele hacerse con la profundidad necesaria, ya que en determinados casos se busca hacer una estimación rápida para poder trabajar en las siguientes fases que son *"más en serio".*

Esto ocasiona a veces que se pasen por alto potenciales riesgos y no se incluyan los comentarios de todos los interesados, o que no se defina correctamente la envergadura total del alcance del proyecto, ocasionando desviaciones desde las estimaciones de ingeniería conceptual vs detalle vs ejecución.

Veamos que ocurre típicamente en un proyecto de ingeniería donde hay una falta de definición de alcance de partida: El decalaje entre el avance planificado y el real en las curvas S viene producido por la incertidumbre en la definición inicial de alcance, que impacta negativamente en todo el ciclo de vida del proyecto.

Ejemplo desviaciones curvas S seguimiento avance proyectos

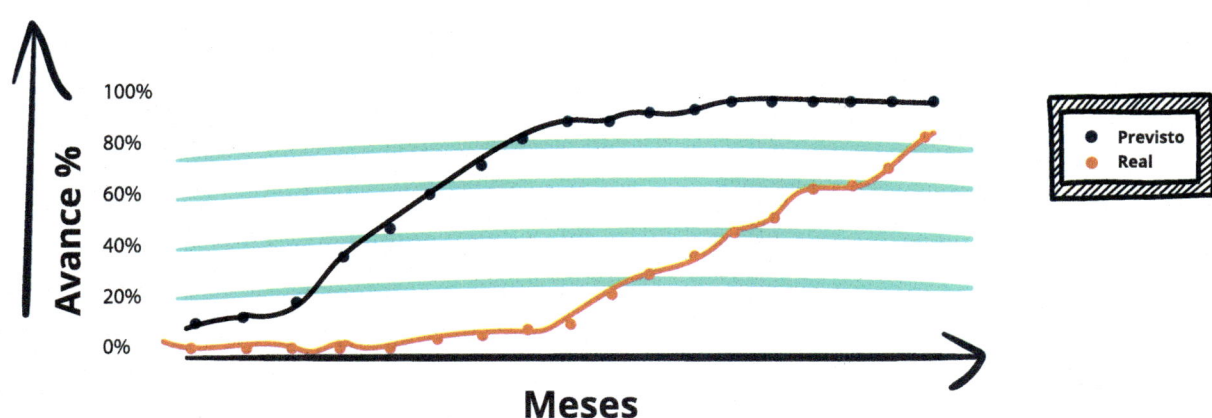

Evolución habitual coste de cambios e involucración cliente e interesados

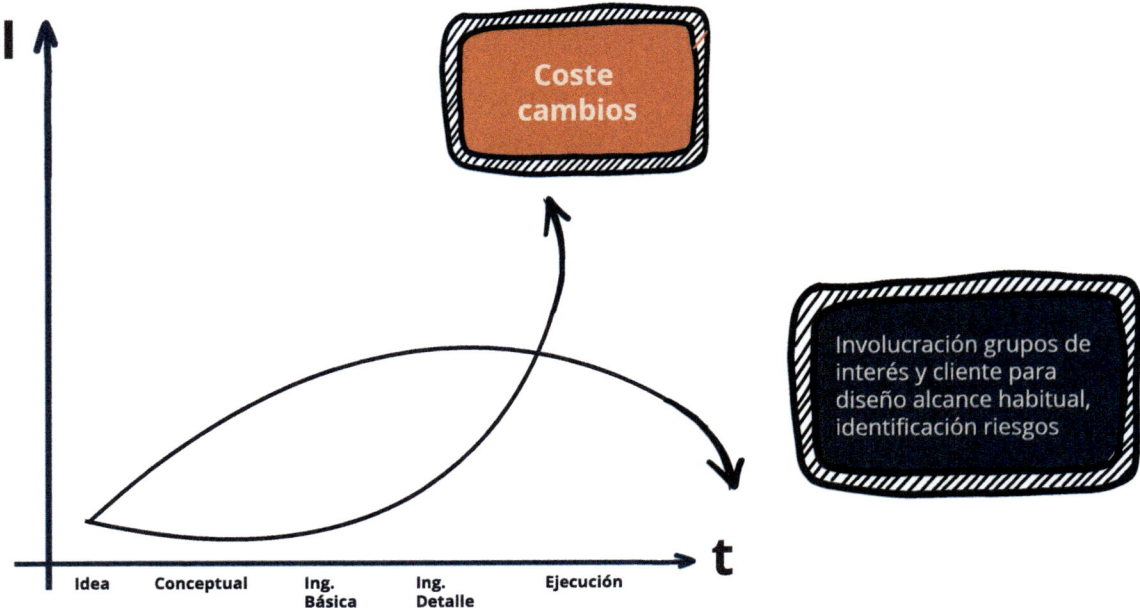

El enfoque ágil genera un entorno colaborativo cliente - equipo de desarrollo de ingeniería que trata de optimizar la curva de avance, pasándola a un valor más constante desde la fase de idea a detalle y reduciendo la incertidumbre.

Potencial impacto enfoque ágil en involucración de cliente e interesados

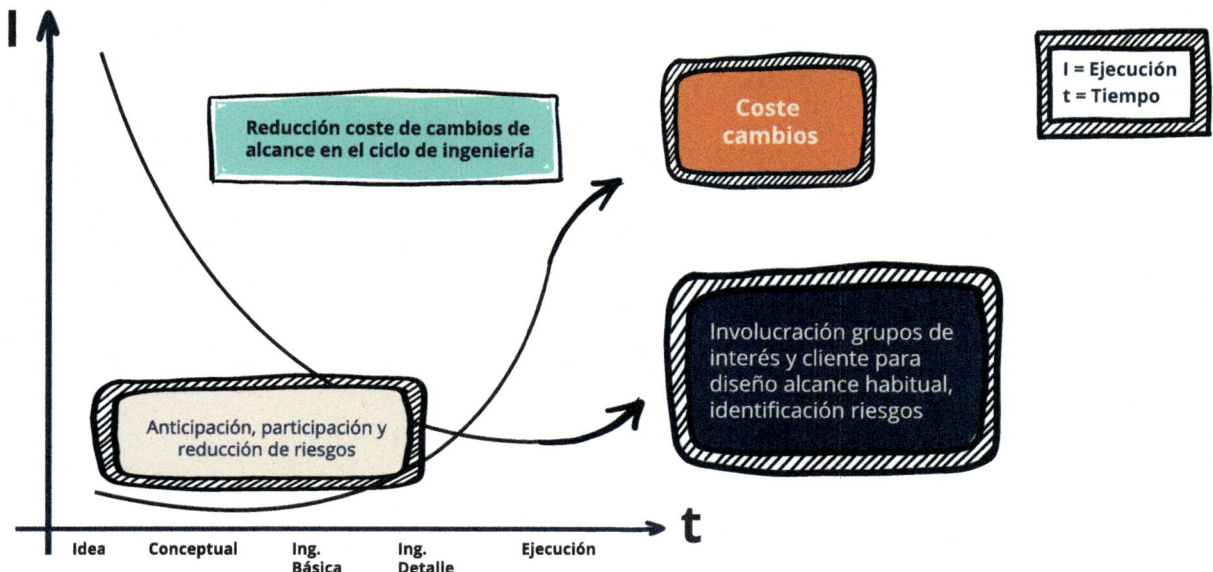

Esto se traduce en varios aspectos que son alcanzables con esta forma de trabajar:

- Anticipación y reducción de riesgos potenciales de ejecución. Contando desde el principio con todos los interesados y realizando los análisis técnicos desde fases tempranas reduciendo los potenciales impactos negativos hacia el proyecto.

- Generación de compromiso de todos los interesados. El trabajo colaborativo e inclusivo genera un alto grado de compromiso entre los equipos de desarrollo, proveedores, clientes y otros interesados. A mayor compromiso, el nivel de atención al proyecto, así como la calidad del trabajo aumenta desde el principio.

- Preparación eficiente de la ejecución. Si el nivel de detalle del proyecto se anticipa y genera en fases más tempranas. Se puede planificar y preparar tareas de ejecución de forma predictiva (aprovisionamiento, permitting, etc.)

En este punto teníamos la descripción del problema, así como el enfoque de cómo pretendíamos mejorar el sistema actual de gestión y desarrollo. Ahora nos tocaba definir nuestro propio modelo y ver si conseguíamos obtener todos los beneficios que poníamos sobre el papel.

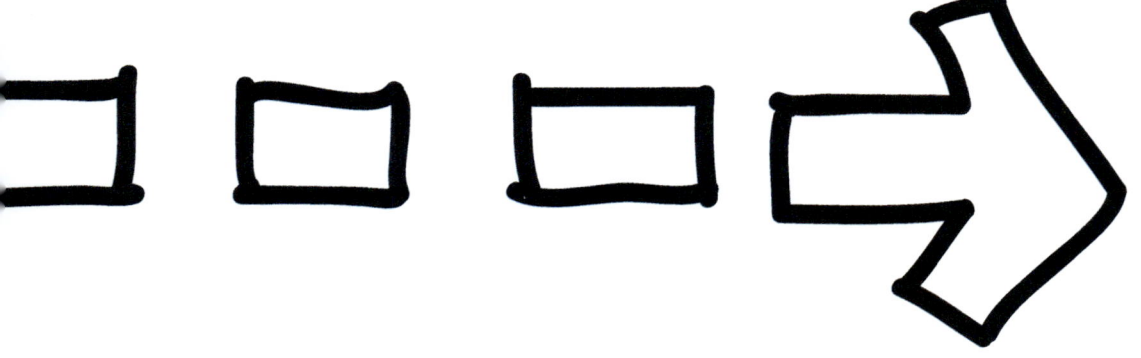

EMPIEZA POR LAS PERSONAS

3

3. Empieza por las personas

Cuando quieres llevar a cabo un cambio en un proceso es imprescindible crear un equipo de trabajo que asuma el propósito y genere el impulso necesario para conseguir la adopción de la nueva forma de trabajar.

Liderazgo

Un equipo con el propósito de generar un cambio necesita como mínimo uno, preferiblemente varios líderes para tener éxito. Un rol determinado en el proyecto no presupone en sí mismo liderazgo. En realidad, el liderazgo debe pasar de una persona a otra en función del momento o circunstancias del proyecto, igual que ocurre en un partido de fútbol donde en un determinado momento lo más importante puede ser defender, organizar el juego medio, o realizar un contrataque. El jugador que está en ese preciso instante desempeñando esa función es el que "lidera" al equipo en ese momento.

Recuerda: lo más importante en los verdaderos equipos no es tanto quién sea el líder en el equipo (posesión de balón) sino que en todo momento haya un líder asumiendo la iniciativa en aquello que es importante en esa fase del proyecto. En ausencia de ese líder, se pierde el pulso del partido.

Cómo montar un equipo con Flow

A la hora de montar un equipo de trabajo, ten en cuenta que necesitarás cubrir los siguientes roles[1]:

- Expertos en los diferentes ámbitos o áreas de conocimiento del proyecto.

[1] No necesariamente hace falta una persona para cada uno de los roles anteriores. Varios de estos roles pueden recaer sobre la misma persona.

- Una persona que tenga la visión completa de todo el proyecto: inputs (datos de partida), outputs (entregables), procesos, tiempos requeridos, recursos, etc. Esta persona jugará un papel fundamental en la definición del plan de actividades de los diferentes Sprints (Sprint Backlog.)

- Facilitadores: Función de interface/coordinación entre los propios equipos de trabajo y con otras áreas o departamentos implicados en el proyecto.

- Experto en metodología. La función de esta persona es muy importante en la fase inicial del proyecto, proporcionando formación y asesoramiento al resto de miembros del equipo, que normalmente no estarán familiarizados con la nueva metodología de trabajo.

- Seguimiento, control, despliegue y mantenimiento de todo el entorno del proyecto: Actualización de dashboards, planificación de Sprints, calendarios de reuniones, listado de tareas, entornos compartidos de información, etc.

- Otros roles: Gestor del cambio. Este rol puede ser muy valioso proporcionando un feedback desde fuera que puede enriquecer la visión del proyecto e introduciendo mejoras, nuevas estrategias o sugerencias que de otra manera pueden ser difíciles de ver desde dentro del campo. Es lo mismo que hace un coach o un entrenador en un partido.

La formación de nuestro equipo de facilitadores

El primer equipo que formamos fue al que llamamos facilitadores. Algunos miembros ya trabajaban juntos en el departamento. Se componía de expertos en la gestión de proyectos en la compañía, en el ámbito técnico, mantenimiento, ingeniería, gestión del cambio, formas de trabajo, innovación industrial, etc.

Nos faltaba por cubrir otras posiciones muy relevantes. El responsable del ámbito metodológico y de implantación del nuevo sistema de gestión y el responsable especialista en procesos de eficiencia energética y sostenibilidad.

Ambas posiciones fueron cubiertas siguiendo la siguiente premisa: profesionales con amplia experiencia en la industria y que tengan ese sentido de mejora continua y de retar el statu quo de las cosas.

Por aquel entonces estábamos dando una formación en gestión híbrida (combinación ágil y en cascada (waterfall)) de proyectos con uno de los mayores expertos en la materia.

Nos ofreció unas sesiones de formación muy intensas pero muy ilustradoras. Y donde pusimos un gran énfasis en hacer casos prácticos con proyectos reales.

Nuestro lote de proyectos de eficiencia energética fue uno de los que pusimos en práctica. No podíamos dejar pasar la oportunidad de tener la visión del formador sobre nuestro reto.

Durante la formación comparamos las herramientas de gestión de un proyecto waterfall proponiendo alternativas en la nueva metodología Agile que nos permitirían ser más eficientes. Algunos ejemplos de lo que hicimos:

 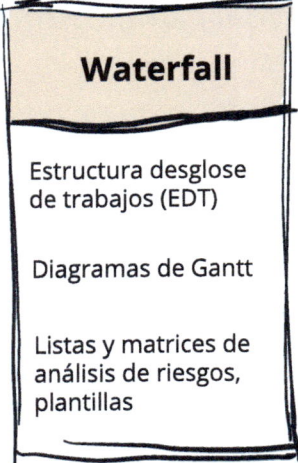 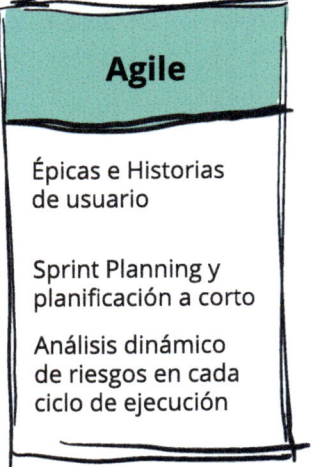

Herramienta	Waterfall	Agile
Definición de alcance	Estructura desglose de trabajos (EDT)	Épicas e Historias de usuario
Planificación	Diagramas de Gantt	Sprint Planning y planificación a corto
Análisis de riesgos	Listas y matrices de análisis de riesgos, plantillas	Análisis dinámico de riesgos en cada ciclo de ejecución

Mientras estábamos reflexionando sobre seguir o no en nuestro planteamiento de hacer proyectos ágiles tras el fiasco de la primera propuesta, nos surgió la siguiente idea mientras almorzábamos. Por qué no incorporamos a nuestro formador como experto para desarrollar nuestra metodología. Contaba con todas las características que necesitamos. Amplia experiencia en la industria, en gestión de proyectos, certificaciones que le reconocían como un experto en la materia y además conectamos de una forma muy buena.

En una de las últimas sesiones del curso le contamos que queríamos hacer el caso práctico de nuestro proyecto, pero a lo grande. De verdad, y queríamos que él formara parte de nuestro equipo facilitador.

Tuvimos la oportunidad de contar con él, y ahora ya teníamos más capacidad para crear y convencer con nuestro nuevo planteamiento.

Por otro lado, seguíamos con la intención de encontrar a una de las piezas claves para poder realizar todos los proyectos que teníamos en nuestro haber.

El especialista en procesos de eficiencia energética. Un perfil con amplia experiencia en el sector, con una fuerte presencia en operaciones, y que contase con los conocimientos suficientes para gestionar técnicamente proyectos de diversa complejidad.

Tras un periodo de conversaciones intensas conseguimos convencerle. Se venía de la mayor empresa energética del planeta donde había desarrollado diversos roles durante 10 años y con uno de los aspectos que nos hizo ver que era nuestra persona clave. Conocía el sistema tradicional de hacer proyectos y sus ineficiencias, y estaba dispuesto a ser un disruptivo y derribar barreras culturales. Era uno de los líderes que la industria necesita para transformarse, aunque él al principio no lo sabía.

Estábamos casi todos, pero nos faltaba un último miembro. La persona que se encargara de mantenernos focalizados en conseguir la correcta implantación de la metodología a niveles técnicos de una forma eficiente y sostenible. Era la persona que debía ir refinando la metodología, realizando el cambio cultural a los equipos de trabajo y documentando todo nuestro camino. Algo crítico para conseguir la sostenibilidad de las nuevas formas de trabajo.

Lo que aprendimos durante la formación del equipo fue que, aunque los proyectos eran puramente técnicos de ingeniería; de mejora de la eficiencia energética en operaciones, era necesario compenetrar diferentes habilidades y competencias dentro del equipo.

Lo más importante no eran los conocimientos técnicos del equipo. Lo más importante éramos todos trabajando juntos y sabiendo que aportábamos y en qué momento debíamos asumir el liderazgo.

LA METODOLOGÍA

4

4. La metodología

La base de todo el nuevo planteamiento era conseguir procesos de desarrollo y gestión más eficientes y acelerados. Necesitábamos dotar al sistema de gestión de proyectos de las siguientes capacidades:

- Agilidad en la fase de análisis inicial, diseño y toma de decisiones para definir el alcance que debían realizarse en fases temprana de los proyectos.

- Diseño y evaluación temprana de escenarios para nuevos proyectos. Adelantando información de valor en estadios tempranos del proyecto para favorecer una toma de decisiones más efectiva.

- Aceleración del ciclo de ejecución de ingeniería, capturando propuestas de valor en el mínimo tiempo, agilizando el paso de idea a ingeniería conceptual y aportando en la fase inicial un análisis de riesgos y estimación fiable de costes para así reducir el Lead Time global del proyecto.

- Generar un modelo de trabajo colaborativo entre equipos que, junto con el cliente, formen los recursos óptimos para el desarrollo de los proyectos.

- Definir un enfoque a objetivos en ciclos cortos.

- Incrementos e iteraciones constantes como modelo de entrega de valor al cliente. Validación y reacción rápida del equipo de trabajo a propuestas de cambio.

- Maximizar óptimamente la capacidad de ejecución de recursos durante todo el ciclo de vida del proyecto.

- Diseñar una visión estratégica y adoptar un itinerario propio para cada tipo de proyecto.

Un nuevo concepto para gestionar proyectos

Intuitivamente se utiliza el concepto de "Flow" para describir aquellos procesos o flujos de trabajo que funcionan de manera eficiente gracias a la compenetración de las personas que en ellos participan. Esta eficiencia se refleja en la manera en la que las diferentes tareas y actividades engranan unas con otras, sin interrupciones ni demoras, aparentemente sin esfuerzo ni dificultad, como si todo lo que estuviese sucediendo fuese parte de un plan o coreografía cuidadosamente ensayados.

En realidad, cualquier proceso real está sujeto a imprevistos y problemas que deben ser resueltos sobre la marcha a fin de que todo pueda seguir funcionando. En la metodología ágil, hay un especial énfasis en la manera en que se abordan estos problemas y se toman las decisiones. Una de las premisas básicas de agilidad es que la solución a cualquier problema requiere generalmente de varias iteraciones, cada una de las cuales nos aproxima un poco más hacia la solución final. Estas iteraciones o aproximaciones aportan información adicional, conclusiones, hechos, etc. que en sí constituyen una entrega de valor. Solucionado un problema, comenzamos con el siguiente.

Bajo este prisma, el concepto Flow puede entenderse muy bien en analogía con un partido de voleibol-playa.

Cada trabajo por realizar o problema es como una pelota que viene desde el otro lado de la red, y entra en nuestro campo de juego. Lo más importante en un primer momento es que el balón no toque el suelo, para ello, el jugador que está más cerca hace lo necesario para conseguirlo. Una vez que el balón está de nuevo en el aire, el equipo comienza a controlarlo y moverlo en sucesivos pases, preparando la jugada en la que el balón pasará definitivamente al otro lado de la red.

Y vuelta a empezar.

Hablando ya en términos ágiles, el Flow puede asimilarse a una especie de "fluidez" en la forma en la que el equipo interacciona, se definen y ejecutan las actividades del Sprint, y se toman decisiones.

Ese hilo del proyecto, si de alguna manera se pudiese visualizar, sería como el balón del partido de voleibol-playa, que no para de moverse en el aire cayendo pocas veces al suelo.

El método Flow *Engineering*

Definimos nuestro método en tres ámbitos.

- Equipo: definición de todos los interesados y diseño equipos de trabajo que participarán en la ejecución de las diferentes partes del proyecto.

- Marco metodológico: implantación de un modelo de trabajo basado en el agilismo orientado a la entrega de valor constante y efectiva al cliente por parte de los equipos de trabajo.

- Flujo de trabajo: mapa de fases y actividades que contemplan el itinerario a seguir por los equipos de trabajo.

Equipo

El primer paso para poder implantar un modelo ágil de gestión de proyectos en ingeniería es definir las personas que van a estar involucradas en los proyectos, así como sus roles y responsabilidades

Para la definición de los equipos de trabajo establecimos 3 categorías.

 **1 Cliente y Sponsors**   Interesados clave que definen los objetivos y ambición del proyecto.

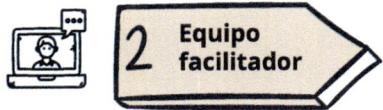 **2 Equipo facilitador**   Equipo de coordinación general, soporte técnico y asegurador de la implantación efectiva de los métodos de trabajo ágil.

 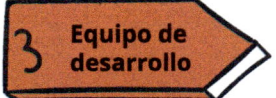 **3 Equipo de desarrollo**   Formado por todas las personas involucradas en los trabajos de desarrollo de fases y tareas de cada proyecto.

A su vez cada equipo de desarrollo de ingeniería puede dividirse en células de trabajo multifuncionales y autoorganizadas que se conforman por su ámbito de responsabilidad o experiencia y trabajan juntos de principio a fin. Algunos ejemplos de células o Squads son procesos, especialidades técnicas, finanzas, estimaciones, etc.

Puede además darse el caso de que se conformen grupos de trabajo Cross, que serán miembros de un Squad o varios y que trabajan en tareas concretas de forma monográfica y temporal.

Cliente y Sponsors

En nuestro caso nuestro cliente pertenecía a la unidad de negocio de operaciones. Ellos tenían el reto de conseguir acelerar su proceso de ejecución de proyectos encaminados a la eficiencia energética. Además, contábamos con el apoyo de la división de ESG (Environmental, Social and Governance) que velaba por el cumplimiento de la estrategia de eficiencia energética de la compañía y con nuestra propia dirección de ingeniería que tenía el objetivo de mejorar sus procesos de gestión y ejecución de proyectos.

- **Cliente:** Visión y requisitos. Es con quién se negocian y acuerdan los trabajos. Marcando las prioridades en función de sus objetivos. Es capaz de tomar decisiones y facilitar el desbloqueo de puntos críticos. Responsable de la validación final de los trabajos desarrollados.

- **Sponsors:** Personas interesadas en el proyecto a las que hay que mantener informadas e involucradas en el transcurso del mismo.

Equipo facilitador

Como comentábamos en el capítulo anterior, el equipo facilitador fue el primero que formamos. Lo componían expertos de la compañía en gestión de proyectos, metodologías y formas de trabajo, en procesos de ingeniería, mantenimiento, gestión del cambio, productividad y operaciones. Las funciones concretas que definimos fueron:

- **Agile Project Manager (APM):** Era el coordinador general del proyecto. Asume la responsabilidad de guiar el proyecto tanto a nivel de gestión como técnico. Tiene las facultades de liderar y priorizar trabajos con los inputs de todos los interesados clave, Cliente y Sponsor. Es quien vela por el cumplimiento del plazo y coste.

- **Especialista de proceso:** Da soporte técnico al proyecto o al porfolio de forma coordinada y centralizada. Responsable de impulsar y coordinar los trabajos técnicos a desarrollar por los diferentes Squads y Cross. Es quien vela por la calidad de los trabajos y la verificación de las entregas de valor.

- **Facilitadores:** Responsable/s de la correcta adaptación de la metodología de trabajo a los tipos de proyecto. Asume las funciones de puesta en marcha de las dinámicas de trabajo, seguimiento global del porfolio y del estado de los proyectos. Lidera y facilita las sesiones de trabajo formales o rutinas ágiles.

Equipo de desarrollo de ingeniería

Tuvimos el reto de coordinar a un equipo diverso de múltiples colaboradores que incluía a cuatro empresas de ingeniería, varios tecnólogos y fabricantes de equipos, así como otros jugadores importantes a nivel interno.

Estructurar bien este equipo desde el principio buscando el encaje de cada participante era la clave principal para que todo el modelo de gestión planteado pudiera funcionar.

En primer lugar, la decisión que tomamos fue repartir el backlog de proyectos a realizar entre los diferentes colaboradores. Vimos que para nuestros proyectos necesitamos incorporar la visión de desarrollo de ingeniería ISBL y la de OSBL lo que nos hizo crear dos Squads; equipos autónomos y con alta capacidad en sus funciones, que denominamos Procesos y Especialidades. En este último también incluimos la presencia a demanda de especialistas técnicos del ámbito de ingeniería técnica (instrumentación y control, obra civil, etc.) y del equipo de estimaciones.

Nuestros ejemplos de Squads fueron:

- Squad de procesos: Equipo enfocado en el análisis del diseño y la operación basándose en datos. Realiza balances, simulaciones y propuestas de mejora en el sistema del diseño y la operación basándose en datos.

- Squads de especialidades técnicas: Equipo enfocado en definir los requisitos de implementación de las soluciones propuestas por el Squad de procesos. Engloba interacciones con sistemas colindantes, obra civil, electricidad, instrumentación, etc.

ISBL: Inside Battery Limit. Parte del alcance del proyecto que incluye los equipos principales de proceso.

OSBL: Outside Battery Limit: Parte del alcance de un proyecto relacionada con las instalaciones auxiliares y servicios de lainstalación principal. En el contexto de este proyecto fueron tales como suministro eléctrico, aire, fuel gas, vapor, sistemas de drenaje, interconexiones de tuberías, etc.

Las premisas que usamos para formar los Squads fueron:

- Cada colaborador formaba parte de un Squad de procesos y/o especialidades trabajando en los proyectos asignados según fueran ejecutándose.

- Se solicitó a Operaciones que asignara recursos a los Squads para poder trabajar de forma colaborativa permitiendo un mejor acceso a la documentación y datos de proceso, realizando al mismo tiempo una función de verificación continua en su papel de cliente.

- Se integró también al equipo principal de ingeniería OSBL en el Squad de procesos para que tuviera visibilidad de los avances desde el principio, anticipando el plan de trabajo a realizar por el Squad de especialidades.

- Incorporamos, cuando fue necesario, a miembros del Squad de procesos en la fase de integración ISBL/OSBL de tal manera que no se generase ninguna desconexión en los trabajos de desarrollo de entregables.

- Realizamos actividades monográficas con la participación de ambos Squads, tales como visitas a planta, performance tests y estimaciones a través de equipos Cross.

A los Squads anteriores se sumó otro al que denominamos Squad de proyecto, que en un principio no tenía una estructura concreta.

Estaba compuesto principalmente por el equipo de los facilitadores, sirviendo de espacio de interacción y contacto con otros actores del proyecto (operaciones, colaboradores externos, compras, etc.)

El nivel de autonomía y experiencia de los perfiles fue un factor de especial relevancia a la hora de formar los equipos. Seleccionar los perfiles adecuados nos permitió garantizar un flujo eficiente de los trabajos que se reflejó en un avance continuo y acelerado del proyecto.

Uno de los problemas que tuvimos fue el alto nivel de presión sobre el especialista de proceso, dado que esta persona coordinaba y daba soporte a todos los proyectos.

Mirando hacia atrás, hubiese sido deseable incrementar los recursos de especialistas en procesos, distribuyendo entre ellos la carga de trabajo. En cualquier caso, consideramos esta figura como el eje principal para conseguir un desarrollo con flow del proyecto.

"Su principal misión consistió en asegurar que los equipos de trabajos contaran a nivel técnico con todo lo necesario para que no se produjese ningún cuello de botella, anticipando posibles riesgos para tomar medidas con antelación".

Modelo organizativo

Este fue el modelo que seguimos para formar los equipos de trabajo.

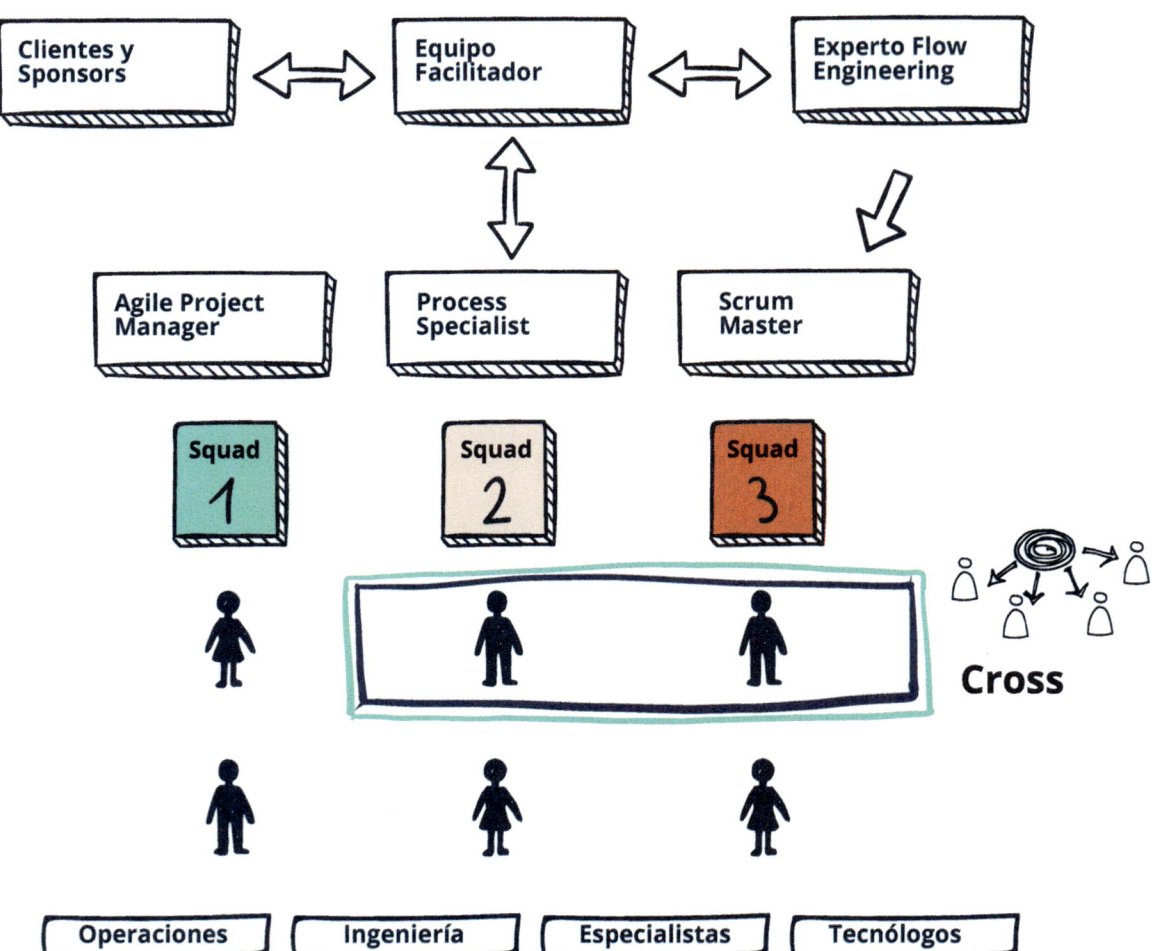

Aproximación práctica, más allá de una descripción puramente formal de los roles

Ejecutar con éxito un proyecto utilizando Flow Engineering, requiere una experiencia previa en el ámbito en el que se hace el proyecto. Flow Engineering no es en sí mismo una receta mágica para hacer las cosas, sino una sistemática de trabajo que se apoya en la experiencia y conocimiento previo del equipo de trabajo, con un enfoque a la aportación de valor y la eficiencia. Al mismo tiempo, se requiere un alto nivel de compenetración entre los miembros del equipo, que complementan sus habilidades y aportaciones hacia un objetivo común: extraer el valor del proyecto.

Lo bueno es que probablemente tú y tu equipo ya tengáis todo esto: conocimiento, experiencia, cierto nivel de compenetración, alineamiento en los objetivos principales del proyecto, etc.

Si no los tienes, entonces es primordial que trabajes primero en conseguirlos, antes de comenzar el proyecto, da igual la metodología que utilices.

La gestión del cambio en los equipos de trabajo

En un proyecto con Flow Engineering, lo típico es empezar con varias personas del equipo en roles pasivos. Esto es normal, ya que, por su novedad, la metodología cuando se implementa en un proyecto implica siempre un proceso de gestión del cambio.

Lo importante es conseguir que los roles que podemos denominar pasivos vayan evolucionando hacia roles activos que aporten el máximo valor. Para algunas personas, este proceso puede llevar pocos días o semanas, para otras, puede llevar todo el proyecto. Si estás liderando un proyecto, debes tener claro esto y aceptarlo porque, al final, esto no es otra cosa que un proceso de cambio.

En nuestra experiencia, os mostramos algunos ejemplos de cómo las actividades de un rol pasivo van evolucionando hacia un rol activo conforme se avanza en la implantación de la metodología:

- Escuchar y atender reuniones sin hablar ni hacer comentarios para ver de qué va esto del Flow Engineering, y qué me implica a mí.

- Plantear dudas, preocupaciones y pegas cuando se está discutiendo alguna actividad que me implica directamente.

- Intentar encajar el plan de actividades que me afectan a un esquema ya conocido, normalmente tipo Waterfall, para seguir haciendo las cosas como siempre: *"necesito 2 semanas de antelación para completar mi tarea"*.

- Intentar abarcar todo el alcance, comprender todo, y planificar todo hasta el final.

- Hacer aportaciones y comentarios constructivos, comenzar a colaborar aceptando primero hacer pruebas de cómo ejecutar las cosas de forma diferente.

- Adoptar nuevas formas de hacer las cosas en las actividades propias.

- Participar en la toma de decisiones.

- Liderar anticipando barreras y proponiendo nuevas formas de solucionarlas.

- Divulgar la metodología Flow Engineering dentro de la organización, ayudando a su aplicación en otros proyectos o ámbitos.

Marco metodológico

Basamos nuestro modelo de gestión en Scrumban. Nos parecía un buen sistema ya que combinaba la filosofía Lean (Gestión visual Kanban) de optimización del flujo de trabajo con la estructura de roles, reuniones y artefactos de Scrum.

Gestionar el proyecto bajo un marco Scrumban facilitaba asegurar el cumplimiento de los plazos en las entregas de valor; o en caso de que surgieran puntos críticos, evaluar rápidamente el impacto sobre el ciclo del proyecto.

Scrumban permite a nivel de gestión:

- Visualizar todo el flujo: divide el proyecto en un mapa temporal y establece una perspectiva de todo el ciclo de vida. De esta forma será fácil orientarse sobre el estado de cada proyecto y el estatus en cuanto a ejecución sobre el objetivo final.

- Optimizar el tiempo de ciclo o Lead Time: trata de minimizar la incertidumbre sobre todo el ciclo de vida del proyecto, ya que se marca el objetivo y se previsualiza todo el mapa necesario para llegar a ello.

- Optimización del trabajo en progreso (WIP en sus siglas en inglés) mediante la gestión visual: ésta facilita la identificación de potenciales desequilibrios entre carga de trabajo y capacidad de ejecución de los equipos.

De esta manera se podrá optimizar el WIP en función de la priorización y la capacidad de ejecución y se pueden observar fácilmente potenciales cuellos de botella, pudiéndose identificar la causa raíz y tomar medidas de forma predictiva.

Nuestro mayor reto fue conseguir que todas las personas involucradas en los equipos de trabajo tuvieran una participación activa y un enfoque orientado hacia el valor. Era la pieza clave para darle validez a este sistema.

Sistema de gestión del porfolio y proyectos

De cara al funcionamiento de éste, definimos las bases de diseño:

- Diseño del mapa global de alcance y riesgos para cada proyecto y revisión incremental.

- Sprints de 4 semanas de duración en las que se priorizan los proyectos y se definen y desarrollan las tareas de cada uno durante ese periodo.

- Se planifican los Sprints con cada Squad.

- Para cada equipo de desarrollo a los que se les asignen los proyectos, se establece un panel donde se visualiza el estatus general de todos los proyectos y en qué fase está cada uno de ellos.

- Limitación WIP en función de la capacidad del equipo de desarrollo en el Sprint Backlog (el trabajo en curso por cada Sprint).

- Sistema PULL de ejecución. Conforme se vaya avanzando en la ejecución y completado de tareas se incorporarán al Sprint nuevas tareas.

- Gestión porfolio de proyectos: control y seguimiento de Coste, Presupuesto y Riesgos del porfolio de proyectos.

- Reporte mensual de avances a Cliente y Sponsor.

Teníamos el reto de combinar las necesidades de eficiencia y velocidad con los requerimientos de una gestión convencional de proyectos (tales como mantener una planificación Gantt Chart o un registro de riesgos), imprescindibles para cumplir con los procedimientos existentes en la compañía.

En la confección del sistema de gestión tratamos de encontrar ese formato híbrido que nos permitiera combinar lo mejor de las diferentes metodologías de gestión de proyectos.

La combinación de un enfoque de gestión tradicional de proyectos en cascada (waterfall) con el modelo Flow Engineering de optimización del flujo de trabajo, permite hacer una gestión integral de los proyectos desde múltiples perspectivas.

Sistema de gestión del porfolio y proyectos

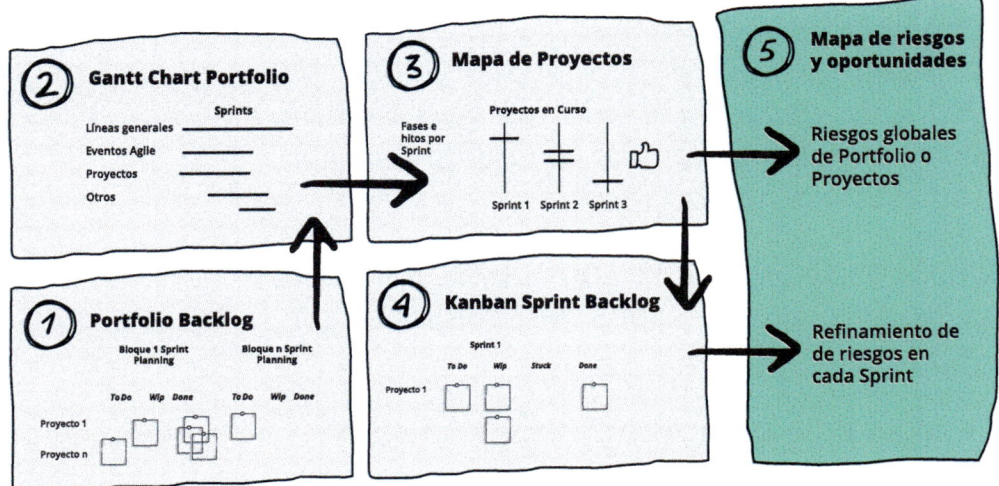

Porfolio Backlog

Conjunto de ideas de proyectos que se irán gestionando por bloques temporales de ejecución.

Según la tipología de los proyectos se podrán identificar:

- Líneas de trabajo generales para cada bloque de proyectos.

- Líneas de trabajo que puedan servir para varios bloques de proyectos.

- Líneas de trabajo que puedan servir para varios bloques temporales (por ejemplo, licitaciones, permitting, pedidos, etc.)

Se contará con un tablero Kanban de proyecto como herramienta de gestión visual para conocer en cada momento a qué bloque del Sprint Backlog corresponde cada actividad, así como su estado (en curso, bloqueado, completado).

Esta es una herramienta clave en la gestión correcta de la demanda ya que sirve para definir la carga de trabajo.El cruce entre esta carga y la capacidad de los equipos permite planificar la ejecución de actividades en los siguientes sprints.

Gantt Chart Porfolio

Visualización global del bloque temporal de ejecución de cada una de las líneas de trabajo y proyectos, estableciendo las principales fases o hitos, y la definición del objetivo final en cuanto a plazo y entrega de valor esperada.

Mapa de proyectos

Sirve para establecer las principales fases o hitos y definición de avances tentativos por Sprints hasta llegar al objetivo final.

A diferencia de un enfoque 100% ágil donde en cada Sprint se identifica el alcance a desarrollar sobre el producto sin nada preestablecido, con Flow Engineering se debe identificar las fases principales por las que pasará el proyecto y generar un mapa de Sprints en los que se irán completando cada una de las fases.

Las tareas concretas a desarrollar en cada fase deben definirse en cada Sprint. El mapa de proyectos construido de esta manera permite dar visibilidad a la secuencia prevista de ejecución en cada uno de los bloques.

Durante el desarrollo del mapa de proyectos se identificarán a su vez los principales riesgos por fases y Sprints. Posteriormente, en el detalle de cada uno y en el seguimiento semanal, se irán revisando en detalle esos riesgos para ser gestionados por el equipo de trabajo, el APM, el especialista de proceso y el cliente.

Kanban Sprint Planning

Mensualmente para cada proyecto se hará una planificación en detalle de todas las tareas a desarrollar así como un análisis de riesgos. En el caso de incluir tareas nuevas con el propósito de mitigar riesgos, estas se incorporarán como parte del alcance del Sprint en curso.

Mapa de riesgos

Diseñar un mapa de riesgos sobre el porfolio genera una visión global de los potenciales puntos críticos, permitiendo identificar medidas de contingencia, que pueden ser globales para todo el porfolio o específicas por proyecto.

Plataforma de gestión y seguimiento del proyecto

Para poder gestionar todo este sistema, configuramos nuestro PMIS (Project Management Information System) de tal manera que nos permitía hacer una gestión integral y automática de todos estos apartados.

Para nosotros la herramienta digital que seleccionamos debía tener una capacidad de configuración personalizada y una facilidad de uso tanto para el equipo que lo manejara (facilitadores) como de lectura para el resto de los equipos de trabajo y cliente.

Vista de panel de control

Proyecto o Actividad	Estado	Sprint	Fase	Squads	Cronograma		Dependencias
					Real	Base	
🚀 Proyecto 1							
🚀 Proyecto 2							
🚀 Proyecto 3							

Portfolio

Grupos

De la idea a la ingeniería conceptual

El paso de la idea a la ingeniería conceptual debe basarse en un flujo de trabajo colaborativo ininterrumpido.

El nivel de flujo necesario para que el proyecto "traccione" se establece en tres momentos del proyecto.

Idea   Ingeniería Conceptual

1. La preparación del backlog - EDT y ejecución de tareas preliminares.

2. Proceso iterativo de trabajo dividido por Sprints.

3. Desarrollo incremental de las entregas de valor.

Preparación del backlog y ejecución de tareas preliminares

- Gestión de la demanda.

- Priorización ABC de proyectos según esfuerzo, retorno y riesgo/probabilidad de éxito.

- Anticipación y ejecución de tareas previas por proyecto o porfolio tales como: licitaciones, análisis previos de ideas, evaluación de recursos necesarios y disponibles, solicitudes de financiación, etc.

- Preparación del Backlog de los proyectos: definir la estructura de los trabajos a realizar y anticipar lo necesario para que las tareas que se incluyan en el primer Sprint puedan ejecutarse sin interrupciones.

Gestión de la demanda

La apertura de la demanda se produce cuando el cliente abre una solicitud de desarrollar una idea.

Las demandas pueden surgir desde diferentes ámbitos (construcción, eficiencia, seguridad, innovación, etc.)

Una vez recibida la demanda, se gestiona el backlog pendiente y se pone en común junto al Agile Project Manager. En base a la capacidad de ejecución y trabajo en progreso actual, se define un bloque temporal de ejecución y un número de proyectos incluidos que el APM tratará de acordar con el cliente.

La gestión de la demanda se hará por espacios temporales a definir junto al cliente. Se atenderán por bloques de un mes, trimestre, semestre o cualquier otra periodicidad óptima según los tipos de proyectos.

Una vez acordados los bloques de ejecución, el APM, junto con el especialista de proceso, acomete las siguientes tareas para la evaluación preliminar del backlog:

*   Recopila toda la información de partida. Entiende los objetivos y retos del proyecto.

*   Realiza una matriz de esfuerzo/impacto/riesgo o probabilidad de éxito para priorizar.

*   Alinea y evalúa junto al cliente el esquema de ejecución del bloque definido.

Matriz preliminar de clasificación ABC proyectos

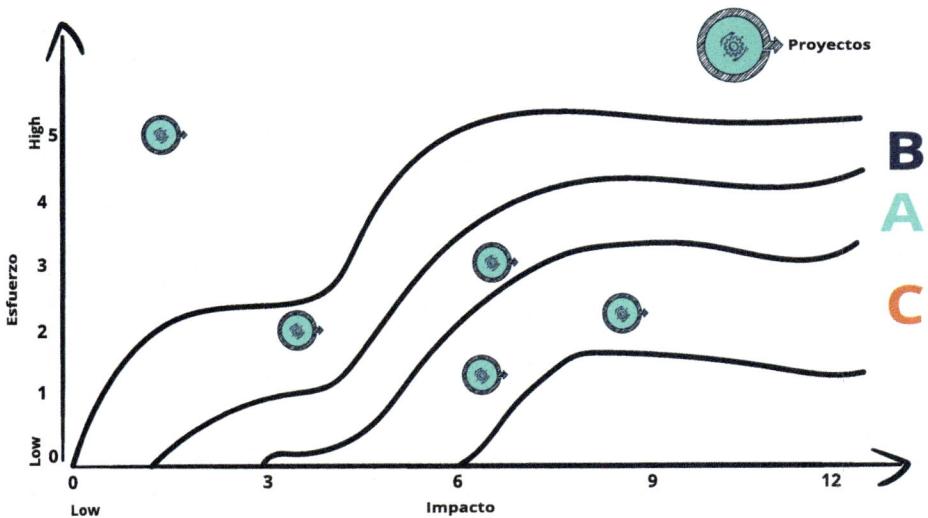

En nuestro proyecto establecimos una clasificación ABC, que consistía en categorizar los proyectos basándonos en determinados parámetros técnicos definidos por el especialista de proceso para evaluar la complejidad del proyecto y también por los beneficios preliminares; medidos en reducción de CO_2 en operaciones.

Las líneas ABC de esfuerzo-impacto nos indicaban como se posicionaba cada proyecto dentro del porfolio global ponderando el beneficio aportado frente al coste requerido para su ejecución. Los proyectos que se quedaban fuera de las líneas sombreadas en el ABC quedaban clasificados en un grupo de prioridad más baja, estando sujetos a un análisis posterior para determinar si el beneficio que ofrecían compensaba el esfuerzo requerido para su ejecución.

Cuando definimos la primera matriz de este bloque, nos sirvió para ir priorizando proyectos, anticipando potenciales riesgos y definiendo la mejor estrategia de desarrollo para cada uno. Acordamos con el cliente cuales iban a ser los proyectos que comenzaríamos primero, sobre cuales teníamos que seguir trabajando para mejorar la precisión de su evaluación en la matriz, y finalmente cómo los íbamos a repartir entre los diferentes colaboradores que nos acompañaban en el proyecto.

Con esta primera imagen fuimos al cliente para obtener su visto bueno y comenzar a trabajar en las diferentes las fases y principales tareas a realizar.

Ejecución de tareas previas por proyecto o porfolio

El siguiente paso para poder comenzar con la fase de desarrollo era iniciar las tareas previas de preparación del porfolio.

En esta fase fue cuando nos dimos cuenta de cuán interesante era nuestro método. Lo contrastamos con la realidad.

En las conversaciones con los colaboradores seleccionados para que nos acompañaran en estos proyectos, comenzamos comentando el contexto técnico de los mismos.

La razón: queríamos trasmitirles por qué considerábamos que eran los colaboradores idóneos para nuestros proyectos, compartirles cuáles eran los objetivos, etc. El mejor momento fue cuando soltamos que íbamos a hacer el proyecto de forma ágil y con flow.

Para unos proveedores del ámbito de la ingeniería, que están acostumbrados a trabajar en grandes contratos, con unas definiciones de alcance acordadas de antemano y con procesos iterativos cliente-proveedor limitados, nuestra propuesta fue recibida con cierto escepticismo.

Notábamos que lo que realmente pensaban era *"sí, nos estáis diciendo que todo va ser ágil, pero en realidad será lo mismo de siempre, y encima se va a perder tiempo con tantas reuniones"*.

Seguimos comentando el porqué de hacerlo así: queríamos mejorar nuestra capacidad de hacer ingenierías conceptuales, consiguiendo una mayor rapidez y nivel de detalle, con el objetivo de acelerar los ciclos de desarrollo y ejecución. Todo ello para alcanzar los objetivos estratégicos de nuestra compañía.

El proceso de negociación fue complejo, ya que los modelos estándar de los contratos de ingeniería no contemplaban un esquema ágil de trabajo donde el alcance a desarrollar no estaba totalmente claro a la firma del contrato, sino que se iba a ir descubriendo conforme fuéramos avanzando.

Nos dimos cuenta de que el grado de incertidumbre que generaba era directamente proporcional al precio de las ofertas. Y era comprensible, ya que, si nosotros hubiéramos sido proveedores, quizás hubiéramos hecho lo mismo.

Con la ayuda de nuestro departamento de compras y de la buena fe de nuestra red de proveedores, no sin algún desajuste puntual, conseguimos completar con éxito un modelo de colaboración que encajaba contractualmente.

Habíamos completado la fase de licitaciones y contrataciones y ya teníamos asignados los proyectos a los proveedores que formarían los equipos de trabajo.

En paralelo, el especialista de proceso y el equipo de facilitadores comenzaron a trabajar en otras tareas necesarias para poder generar un plan de trabajo preliminar aceptable.

Por último, en este periodo hicimos una de las actividades más divertidas de todo el proyecto: dar una formación a todos los colaboradores, cliente, equipo interno y otros interesados sobre cómo íbamos a trabajar en este proyecto.

Fue el primer momento donde dábamos a conocer a todos cuáles eran los detalles de la forma de trabajar que estábamos planteando. Percibimos durante estas reuniones que habíamos despertado la curiosidad de los asistentes, pero al mismo tiempo persistía una cierta dosis de escepticismo, el cual no acabaríamos por vencer hasta bien avanzado el proyecto.

Preparación del Backlog de los proyectos

Una vez evaluado y priorizado el porfolio en base a la matriz ABC esfuerzo/impacto era el momento de hacer la EDT (Estructura Desglose de Trabajos) de cada proyecto.

La hicimos con un sistema parecido al modelo ágil.

Preparación del Backlog

Conocido al inicio del Proyecto

Proyecto — Fases princioales o temas — Tareas o Épicas — Subtareas o historias de usuarios

El proceso de desarrollo de la EDT es el siguiente:

- Marcar el objetivo del proyecto (entrega de valor final).

- Identificar aquellas fases principales que aplican en el proyecto.

- Listar a alto nivel las tareas que son necesarias para cubrir todo el ciclo de vida del proyecto. Estas tareas deberán ser definidas como grandes bloques de entrega de valor que se irán entregando durante el proyecto. A cada tarea se le asignará una fase.

Desde el principio se intentará identificar todas aquellas tareas que serán necesarias para tener el mapa de proyecto lo más completo posible, asumiendo que algunas de estas de tareas se irán refinando a la vez que se incorporan nuevas tareas de valor conforme el proyecto avance.

Subtareas o historias de usuario serán identificadas en la medida de lo posible al principio del proyecto, pero se irá detallando en los Sprints Planning junto al equipo de desarrollo.

Una vez definida la EDT que conformará el backlog del proyecto se comenzará el proceso de ejecución desarrollado en Sprints por el equipo de trabajo.

El backlog del proyecto, por tanto, se define de manera aproximada al inicio del proyecto, para luego irse completando con nuevas tareas conforme el proyecto avanza y madura a través del refinamiento del Product Backlog.

Proceso iterativo de trabajo dividido por Sprints

El concepto iterativo consiste en ir generando avances o descubriendo información que permita seguir avanzando en la ingeniería conceptual. Descubriendo tareas a realizar, mitigando riesgos y generando valor para toma de decisiones.

• Se define el mapa de proyecto.

• Se debe establecer un proceso de planificación de tareas y subtareas por Sprints de máximo 4 semanas.

• En cada planificación mensual debe acordarse los hitos a completar por parte del equipo de desarrollo.

• Se debe establecer un requerimiento de completado comprendido y compartido por el equipo de desarrollo y cliente.

• Al finalizar un Sprint se hará una entrega para visualización de hito conseguido.

• Es necesario generar feedback para refinar el proceso iterativo.

El equipo facilitador debe garantizar en todo momento que el equipo de desarrollo pueda ejecutar tareas sin bloqueos o esperas.

Además, se debe trabajar en paralelo en el refinamiento del Product Backlog, que es un proceso que se inicia al principio y que se mantiene de asistencia al proceso iterativo de Sprints.

Definir el mapa de proyecto

Al igual que en cualquier mapa, nos encontramos con una visualización precisa de los itinerarios a llevar a cabo para ir de un punto a otro. En este caso, en un bloque de proyectos se establecen todos los grandes pasos para conseguir el objetivo. El paso de idea a conceptual.

Esto supone generar una hoja de ruta general del proyecto identificando qué fases tiene y qué grandes entregas de valor hay que ir haciendo para conseguir cumplir con el objetivo en tiempo y calidad.

Esto da al equipo de desarrollo una visión completa de todo el recorrido y genera conciencia de la importancia de ir completando los tiempos de avance definidos.

Además, el mapa permite realizar un análisis general de riesgos que posteriormente se irá realizando en detalle en cada Sprint, identificando tareas de contingencia de riesgo o análisis de escenarios.

Mapa de proyecto

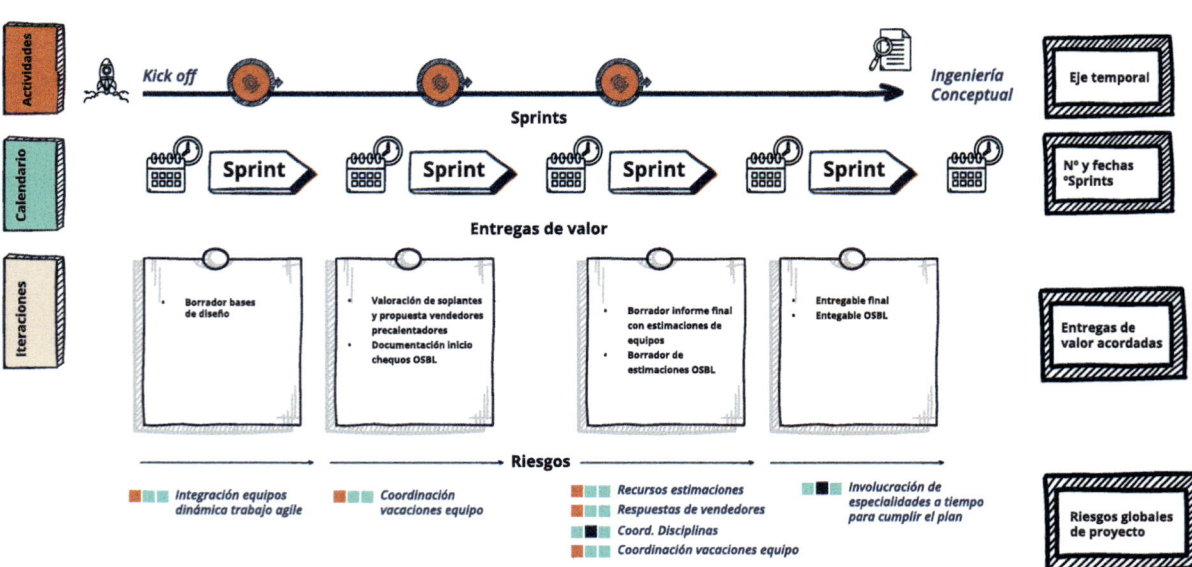

Una vez tenemos todo el mapa con la suma de todos los proyectos seremos capaces de identificar la capacidad real de ejecución, la necesidad de recursos adicionales y los principales riesgos a las que nos enfrentaremos.

Mapa de porfolio y de riesgos

Portfolio Roadmap

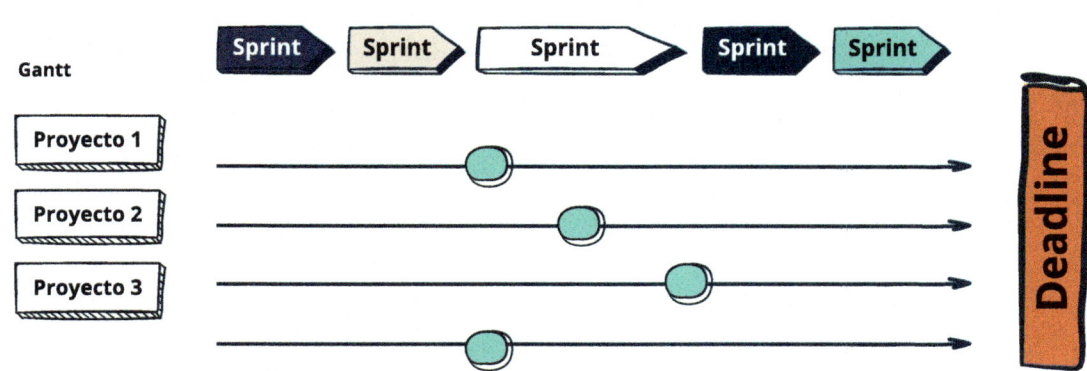

Completada la primera instantánea del mapa de proyecto, se pueden identificar los riesgos y oportunidades asociados a la capacidad de ejecución sobre todo el porfolio. Esto servirá para plantear al cliente una nueva priorización, bien reduciendo el porfolio del bloque del Sprint Backlog, bien incluyendo nuevos proyectos.

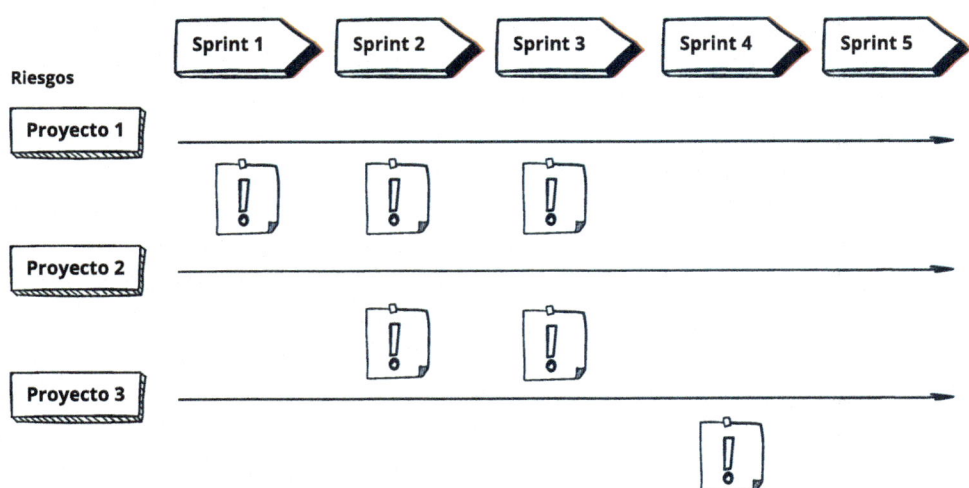

El mapa de proyecto será iterativo y se deberá ir adaptando conforme se vaya avanzando en la ejecución del Sprint Backlog. Será responsabilidad del facilitador, junto al especialista de proceso, mantenerlo actualizado.

En retrospectiva, realizar el mapa de proyecto fue algo que echamos en falta cuando comenzamos el primer Sprint.

Habíamos planificado todas las actividades del primer mes, pero no teníamos la perspectiva de cuán cerca o lejos nos quedábamos de los objetivos que nos habíamos marcado para acabar el proyecto completo.

Esta visión nos dio enfoque, una visión a largo plazo que se complementaba con la planificación del Sprint mensual y además nos permitió hacer un análisis de riesgos a alto nivel que nos orientó durante el resto del proyecto.

Proceso iterativo durante un Sprint

El enfoque ágil favorece la orientación hacia el valor. Esto debe traducirse en que cada miembro del equipo optimiza su dedicación de tiempo, independientemente del rol.

Durante un ciclo mensual se producen las siguientes iteraciones y dinámicas de trabajo:

Ciclo completo de Sprints

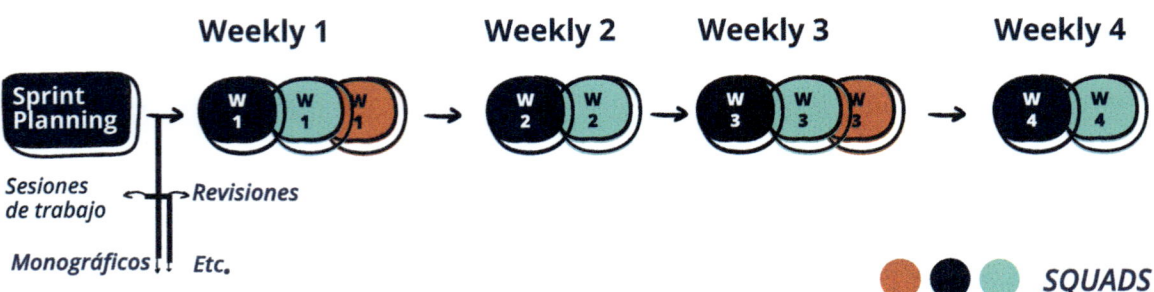

Kick Off (reunión inicial de lanzamiento). En esta rutina se pone en común el enfoque, objetivos y equipos de trabajo que participarán, así como los roles que adoptarán.

En el Sprint Planning, con una duración aproximada de 1 hora por proyecto se trabaja en definir el objetivo del Sprint, planificar las tareas a desarrollar, así como en la construcción del mapa de proyecto.

Esto permite a todo el equipo tener la visión completa de todo el mapa a recorrer, así como tener una percepción del impacto que tiene con respecto al objetivo cualquier riesgo o retraso.

Otro punto clave es la identificación global de riesgos a lo largo de todo el mapa. Posteriormente en cada Sprint se irán gestionando los riesgos y se irán tratando de incluir tareas de contingencia en el caso de que sea necesario.

En las Weekly Meeting de cada Squad se abren 30 minutos por proyecto para que; frente al tablero, se visualice el status del Sprint, de las tareas en curso, se refinen tareas o planificaciones y se puedan comentar aspectos técnicos de fácil resolución.

- Si en estas reuniones los temas técnicos no pueden resolverse en torno a 5-10 minutos, deberán posponerse a una sesión técnica monográfica.

- La regla temporal de la Weekly Meeting sería 5-25, 5 minutos de status y 25 minutos de comentar aspectos técnicos.

- El dimensionamiento de duración total de la Weekly Meeting será calculado según el número de proyectos y la complejidad de estos.

- Las Weekly Meeting se harán por tipo de Squad y siempre y cuando el especialista de proceso junto al equipo de proyecto considere que aportan valor al desarrollo.

- Adicionalmente a las Weekly Meeting pueden convocarse otras reuniones monográficas según sea conveniente para asegurar el cumplimiento de los objetivos del Sprint.

Además de estas sesiones de trabajo, son muy necesarias las interacciones informales a través de entornos virtuales o presenciales que deben estar abiertas durante todo el proyecto y entre todos los miembros de los equipos de trabajo.

Refinamiento del Product Backlog

El refinamiento del Product Backlog aporta enfoque y flujo (flow) al trabajo del equipo.

El Product Backlog del proyecto se define de manera tentativa al inicio del proyecto para luego ir completándose y refinando conforme el proyecto avanza y madura.

Para garantizar un correcto refinamiento del backlog se podrán plantear breves sesiones de trabajo con miembros clave del equipo de desarrollo.

Además, en este proceso incluso puede darse el caso de incorporar tareas que puedan anticiparse al siguiente Sprint y que posteriormente faciliten el flujo de trabajo. A estas tareas las denominaremos tareas de flujo.

Product Backlog y su refinamiento

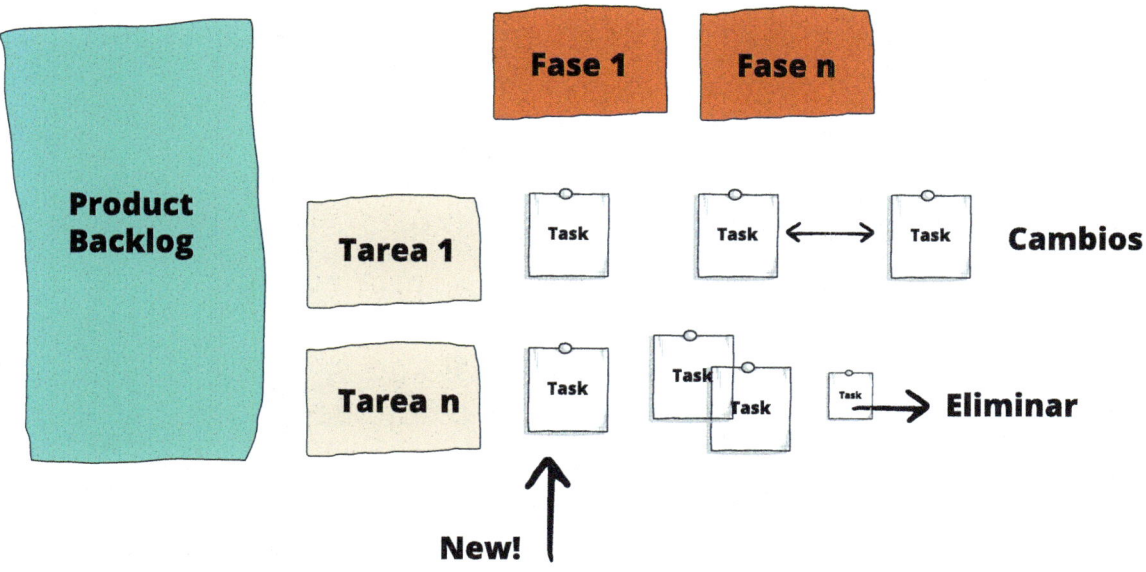

Acciones típicas realizadas durante el refinamiento del Product Backlog.

• Introducir cambios o ampliaciones de necesidades del cliente.

• Añadir nuevas tareas y subtareas (riesgos o tareas de proyecto).

• Definir en cada tarea el criterio de listo o completado.

• Eliminar aquellas que no aporten o no apliquen.

- Aumentar el nivel de detalle.

- Indicar priorización de tareas.

- Estimar el esfuerzo de cada una de las tareas y de los equipos de trabajo.

El Refinamiento del Backlog es importante porque:

- Define qué quiere el cliente en cada momento.

- Define la prioridad con lo que lo quiere el cliente.

- Aporta el grado de definición necesario para no incurrir en reprocesos o falta de eficiencia o flujo de trabajo en el Sprint Planning derivados de falta de información o datos básicos para poder avanzar.

Sprint Review y Retrospectiva

Una vez se complete el Sprint se realizan la Sprint Review y Retrospectiva donde se comparte en líneas generales las entregas de valor.

Se comentan además puntos críticos y se trata de encajar feedback por parte de todo el equipo de proyecto, ya sean temas técnicos o de forma de trabajo. Esto ayudará al proceso de mejora continua del proyecto.

Optimización del flujo de trabajo

Para poder garantizar un flujo de trabajo óptimo durante el Sprint Backlog, es importante mantener el enfoque en el objetivo final marcado en el Sprint. Las iteraciones durante el ciclo mensual deben orientarse hacia el seguimiento de avance del Sprint, visualizando en todo momento el avance real sobre el mapa de proyecto, para detectar posibles desviaciones. Esto permitirá identificar bloqueos estableciendo medidas preventivas o correctivas para mitigar los riesgos de forma rápida y efectiva.

Desarrollo incremental de las entregas de valor hacia el producto terminado

La confección de la entrega de valor debe ir componiéndose durante el proceso iterativo y solo debe existir un breve proceso de verificación previo a la entrega al cliente.

El equipo de trabajo deberá ir generando avances en las actividades acordadas en cada Sprint. El desarrollo de las fases y tareas establecidas trae consigo entregas de valor, las cuales deben ser presentadas al cliente para su validación.

Durante todo el proceso de ejecución, nos encontramos con tres tipos de entregas de valor:

- Incrementos: suponen decisiones consolidadas para la entrega final. Para conseguir una buena cadena de incrementos, el equipo de desarrollo, el APM y el especialista de proceso deben estar en contacto directo con el cliente para eliminar bloqueos mediante toma de decisiones clave.

- Iteraciones: constan de verificaciones técnicas o acciones necesarias para mantener el flujo de trabajo (p.e. validación de datos, visitas a planta, etc.)

- Entregables: El entregable final consiste en una recopilación de todos los incrementos, iteraciones y entregas de valor realizadas a lo largo del proyecto, solo requiriendo una breve fase de consolidación final.

Para conseguir un ciclo de ejecución acelerado, el equipo de trabajo, a través de los diferentes Squads, debe acometer una serie de tareas clave al principio del proyecto:

- Definir de la manera más anticipada posible preguntas clave que deben ser respondidas a lo largo del proyecto.

- Redefinir y estandarizar entregables, basándonos en el valor y no en procedimientos internos o formas tradicionales de entregar documentación final.

Aprendizajes sobre la metodología

A lo largo de nuestro proyecto fuimos descubriendo qué sistemáticas teníamos que ir siguiendo para conseguir una operativa eficiente e ir consiguiendo las entregas de valor que nos comprometimos con nuestro cliente.

Fue muy relevante todo el proceso de gestión del cambio que hicimos, tanto a nivel interno, como con los diferentes equipos de trabajo.

Uno de los aspectos más complejos e importantes para conseguir un proceso orientado a la entrega de valor fue cambiar el modo de pensamiento de proyecto tradicional tipo Waterfall a un enfoque ágil, basado en lo efectivo, en hacer lo que de verdad importa e ir definiendo el proyecto conforme se conocen las siguientes tareas.

Al concluir el proyecto, constatamos que hay ciertas premisas que deben cumplirse para conseguir un buen desempeño:

- El equipo de desarrollo de ingeniería debe ser un equipo experto.

- Diseñar el mapa de cada proyecto. Utilizar siempre visión a largo plazo (desde el riesgo y los límites estratégicos al Mapa de proyecto) y a corto (Sprint Planning, Sprint).

- Planificar, poniendo el foco especialmente en los hitos de decisión, alineamiento y validación.

- Agilizar la toma de decisiones.

- Aprovechar intervalos de esperas o interrupciones para adelantar en actividades de trabajo o realizar tareas de flujo.

- Los proyectos de cierta complejidad se abordan mejor mediante sucesivas iteraciones e incrementos.

- Aprovechar las sinergias a nivel de alcance técnico o metodología que puedan existir entre varios proyectos que compartan actividades comunes.

- Si es necesario, implementar reuniones de colaboración y de resolución de temas monográficos. ("Cross".)

- Definir la capacidad de ejecución de recursos en el Sprint y asignar tareas en base a esa capacidad.

- Redefinir entregables en base a su valor y no a procedimientos internos.

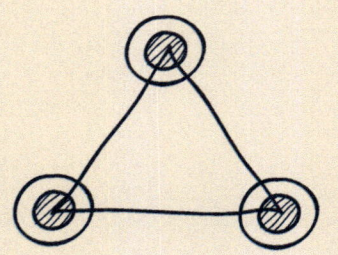

MEDIR MI PROGRESO

5

5. Medir mi progreso

La mayoría de las organizaciones donde se implantan nuevas metodologías y formas de trabajo lo hacen con la expectativa de unos resultados que deben definirse antes de comenzar el proyecto. Estos resultados normalmente estarán asociados al cumplimiento de determinados hitos, resultados de encuestas o resultados cuantitativos. Es importante que el equipo sea capaz de definir adecuadamente y cumplir con los hitos comprometidos, manejando adecuadamente las expectativas dentro de su organización.

Pero todavía más importante es tener claro que los mayores beneficios de un proyecto ejecutado con éxito se recogen una vez concluido el mismo, si se cumplen las siguientes premisas:

- Las organizaciones aprovechan el tiempo ganado para tomar mejores decisiones y de manera más rápida, reduciendo así el tiempo total invertido en hacer realidad una iniciativa.

- Se consolidan dinámicas de trabajo entre los diferentes miembros del equipo, y estas dinámicas son capaces de "traspasar" el ámbito del equipo hacia otros departamentos y áreas de la compañía, promoviendo una mayor colaboración transversal.

- Las ideas y propuestas de mejora generadas en el proyecto se convierten en nuevos proyectos e iniciativas, dando continuidad y sostenibilidad al programa.

Sistema de medición

Cuando presentamos nuestra metodología de gestión de proyectos a nuestro cliente, nos insistió en que teníamos que ser capaces de demostrar con datos los resultados de nuestro enfoque comparándolo con el que habríamos obtenido siguiendo un enfoque waterfall.

No nos sorprendió que nos pidiera esto, ya que la evaluación en función de KPIs es algo muy común en los sistemas de mejora continua como Lean que llevábamos implantando en la compañía durante un tiempo.

Éramos por tanto muy conscientes de la importancia de medir obteniendo datos reales que, además de demostrar el cumplimiento de los objetivos comprometidos con el negocio, nos servirían para perfeccionar nuestra metodología de trabajo.

Definimos un sistema de monitorización de proyectos a tres niveles: nivel de **ciclo de vida del proyecto**, nivel de **proyecto** y, por último, nivel de **flujo de trabajo.**

A través de estos ámbitos tratamos de generar nuestro sistema de medición de los proyectos.

Sistema de medición sobre el ciclo de vida del proyecto

A nivel del ciclo completo, desde idea a puesta en marcha, las grandes métricas de un proyecto son Plazo, Coste y Calidad, las cuales se ven afectadas de distinta manera en cada fase del proyecto. Para evaluar el impacto en nuestro caso (paso de idea a conceptual), nos centramos en los siguientes indicadores:

- Nº de proyectos en ejecución.

- Tiempo de ejecución ingeniería conceptual. A comparar con otros proyectos donde se hubiera desarrollado su ingeniería conceptual mediante metodología en cascada o Waterfall.

- Costes de desarrollo ciclo ingeniería (conceptual + básica + FEED + detalle con metodología Flow Engineering, frente al coste de toda la ingeniería siguiendo un método en cascada convencional. Desglosado en horas internas y externas de ingeniería, costes directos/indirectos, etc. Este indicador es muy interesante, ya que cruzándolo con el de calidad de los trabajos a desarrollar en la fase de conceptual permitía acortar ciclos y pasar en algunos casos de conceptual a detalle sin pasar por básica u otras fases intermedias, así como evitar trabajos de Value Engineering en fases más avanzadas.

- Comparativa del nivel de detalle de los entregables de la conceptual desarrollada con Flow Engineering frente a una convencional en waterfall. Debe trasladarse a una mejora en el % de precisión de la estimación y a una reducción del riesgo en el proyecto. Ejemplos: layout, alcance disciplinas, diagramas de ingeniería (red marks), listado de instrumentos y señales de control, análisis constructibilidad, análisis ejecución en parada, etc.

- Tareas o entregas de no valor añadido no ejecutadas: listado de tareas o entregas no realizadas por no haberse considerado de valor y que en proyectos de desarrollo en waterfall si se completan. Puede hacerse una estimación de tiempo ahorrado.

- Adherencia de estimaciones: grado de desviación de la estimación realizada en ingeniería conceptual frente al presupuesto final en ingeniería de detalle. Tiene en cuenta los sobrecostes por revisión de bases de diseño, cambios de alcance, retrabajos en ingeniería básica, etc. La adherencia de las estimaciones en conceptuales Agile debe compararse con la de otros proyectos de temática similar realizados con metodología waterfall.

Indicadores de proyecto

Los indicadores específicos por proyecto ofrecen una visión cuantitativa y cualitativa del impacto de Flow Engineering en el paso de idea a conceptual. Era nuestro método para contrastar si realmente la metodología funcionaba.

En este caso era muy importante poder tener una referencia de proyectos que se desarrollasen con métodos de gestión en cascada (waterfall). Nosotros lo teníamos ya que se habían desarrollado proyectos similares en años anteriores, lo que constituía una excelente línea base.

- Coste total ingeniería conceptual.

- Tiempo ejecución Ingeniería conceptual.

- Dedicación en horas por persona y roles de los diferentes equipos de trabajo (personal propio, externo).

- Mapa y número de áreas o especialidades y grupos de interés que han participado en el proyecto.

- Lecciones aprendidas e intercambio de mejores prácticas entre tecnólogos y participantes del proyecto.

- Análisis GAP estimaciones preliminares en fase idea de impacto de los proyectos con respecto a la estimación en ingeniería conceptual-básica.

Indicadores de gestión del flujo de trabajo

Estos indicadores son la base para la correcta ejecución de los trabajos del sprint backlog asegurando el "flow" hacia la consecución de los objetivos.

- Carga y Capacidad: Cruce de las horas estimadas para el desarrollo de las activades por Sprint frente a las horas de recursos disponibles en los equipos de trabajo.

- % tareas en ejecución y completadas por Sprint.

- Adherencia al Sprint: % tareas completadas sobre planificadas al Sprint.

Ejemplo de Dashboard

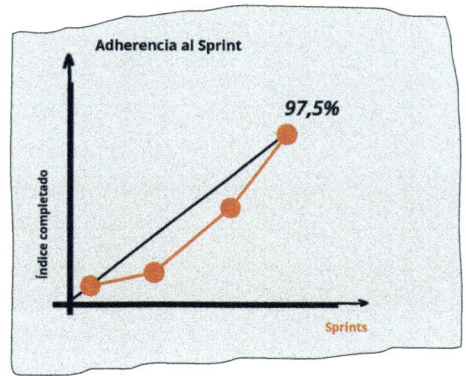
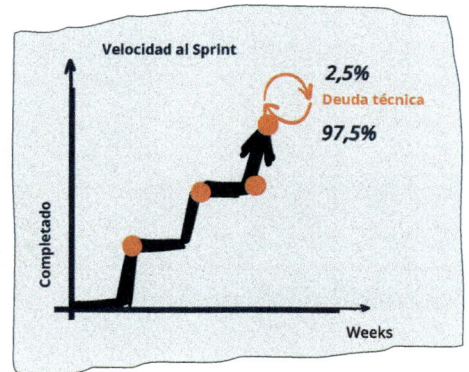

Resultados
Valoración de los equipos de proyecto

Llevamos a cabo una encuesta a todos los participantes en nuestro proyecto para contratar el impacto y valoración de real de Flow Engineering en el desarrollo de nuestros proyectos.

Más del 90% de los participantes en los proyectos recomendaron esta metodología para desarrollar nuevos proyectos de ingeniería.

Además, tuvimos una sólida retroalimentación tras la implantación que resumimos en los siguientes puntos.

Lo más valorado

- Mayor profundidad en los análisis técnicos y nivel de madurez técnica de la solución.

- Mayor capacidad de adaptación a los cambios imprevistos y resolución de problemas.

- Mayor facilidad en la consecución de avances.

Como factores de éxito

- La figura del especialista de procesos como integrador y facilitador técnico.

- Mayor intensidad y seguimiento del trabajo.

- Coordinación entre diferentes colaboradores.

Lo más valorado con respecto al método en cascada

- Flujo de trabajo constante, enfoque e intensidad.

- Comunicación y coordinación general entre todos los miembros.

- Relación e iteración continua entre todos los colaboradores del proyecto.

Las oportunidades de mejora

- Eficiencia en el esfuerzo en horas en reuniones y coordinación.

- Anticipación de actividades previo al inicio de los Squads (análisis datos, documentación, etc.)

- Estabilidad en la dedicación de recursos.

- Herramientas de productividad para análisis y desarrollos.

Resultados cuantitativos

Aplicando nuestro sistema de medición, alguno de los resultados cuantitativos más relevantes que conseguimos con la implantación fueron:

Ciclo de vida del proyecto

- Disminución de aproximadamente un 50% tiempo ejecución ingenería conceptual.

- Mejora precisión de las estimaciones en un 50%.

- Reducción al 0% tasa de cambio de bases de diseño.

- Mejora significativa del grado de desarrollo de la ingeniería conceptual.

Indicadores de proyecto

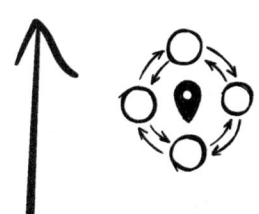

- Más de 1200 horas de trabajo colaborativo.

- Sobre 90 rutinas ágiles.

- 49 personas involucradas.

- 12 proveedores distintos.

Indicadores de flujo de trabajo

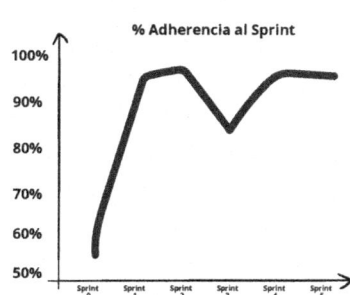

% Adherencia al Sprint

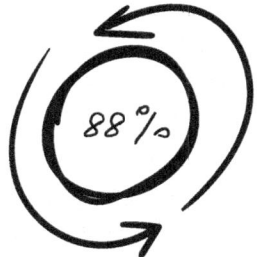

88 %

- Adherencia al Sprint: promedio 88%

Como punto relevante en los resultados de nuestro proyecto, más del 80% se mostraron motivados durante el proyecto, bien porque consideró que su aportación era importante, o que se le reconocía su trabajo.

Otras cosas que es importante medir

Como hemos visto, es posible definir indicadores cuantitativos (KPIs) del proyecto integrándolos en un Dashboard de seguimiento, tales como adherencia al plan, horas de dedicación versus resultados, etc.

Estos indicadores, aunque aportan una información muy importante, no son suficientes por sí mismos para determinar si hay "Flow" en el proyecto. Contar con una medida de dicho "Flow", un "Flow-meter" puede ayudarnos a identificar si el proyecto marcha bien o mal y tomar las acciones adecuadas.

¿Pero qué es realmente el "Flow" de un proyecto?"

Volviendo a nuestro ejemplo del voleibol-playa, la información del estado del marcador no puede por sí sola decirnos si el partido está siendo bueno o malo. Para ello habría que fijarse en otras cosas tales como:

- Tiempo de posesión de la pelota.

- Número de jugadas de ataque y contrataque.

- Duración de las jugadas hasta hacer punto.

- Participación de los jugadores del equipo.

- Tiempos muertos, interrupciones, faltas, saques, etc.

En un proyecto Flow Engineering, los conceptos equivalentes que definen el éxito de la implantación de la nueva metodología deben medirse a través de parámetros que no siempre son fáciles de calcular, pero si muy recomendable observar, principalmente por el equipo de facilitadores:

*   Porcentaje de participación activa de las diferentes personas del equipo.

*   Decisiones, acuerdos, conclusiones, problemas solucionados en cada sesión de trabajo.

*   Tiempos requeridos para completar una nueva actividad.

*   Tasa de generación de nuevas actividades.

*   Participación de las personas del equipo en la planificación de los Sprints.

*   Contribución de las diferentes personas del equipo en la marcha del proyecto aportando ideas, sugerencias, propuestas para conseguir mejorar la eficiencia y cumplir los objetivos del Sprint.

*   Tiempo requerido y otros costes (por ejemplo, emocionales) para resolver los conflictos o puntos de discrepancia dentro del equipo.

Poner en marcha un proyecto Flow Engineering significa montar un equipo de trabajo multidisciplinar y adquirir unas dinámicas de juego y un nivel de competencias para poder afrontar el partido con éxito. Cualquiera que se asome a la cancha y esté mirando el partido, aunque sea durante unos pocos minutos, podrá ver si hay Flow o no en el equipo observando cómo se mueve el balón.

Claves para la implantación de
Flow Engineering

6. Claves para la implantación de Flow Engineering

Porqué el concepto de Flow podía dar resultados

No hay trucos milagrosos con Flow Engineering. Este enfoque puede generar resultados muy rápido para determinados proyectos, pero esto es posible gracias a una concentración de esfuerzo y foco del equipo, de manera organizada e inteligente, durante un periodo de tiempo, que además tiene que ser limitado. Esfuerzo y foco no significa echar necesariamente más horas (habitualmente ocurre lo contrario), pero sí que esas horas sean más productivas (una de las claves del éxito es eliminar el desperdicio y acelerar la toma de decisiones).

El coste del despliegue de Flow Engineering

Como reflexión, si vas a liderar un proyecto, tendrás que saber administrar este esfuerzo y foco, teniendo en cuenta teniendo en cuenta que los recursos son limitados, y que hay un desgaste en el equipo.

Una buena analogía pueden ser las películas de la famosa saga "Fast and Furious", en las que el protagonista, Dominic Toretto participa en carreras callejeras de autos trucados, en las que siempre acaba ganando a sus contrincantes gracias a sus superiores habilidades y recursos al volante, entre estos últimos, saber pulsar el botón de óxido-nitroso en el momento adecuado.

En un proyecto Flow Engineering, los Sprints y entregas de valor son lo que el callejón de las carreras de "Fast And Furious".

No puedes estar siempre apretando el botón de NOx, acabarás gripando el motor y no llegarás a meta. Tendrás que planificar bien los Sprints, y saber interpretar en cada momento el estado del equipo, hasta dónde se puede llegar con los recursos y tiempo disponibles, y cuál es la entrega de valor justa, ni más ni menos. Tendrás que llegar a compromisos y darte cuenta de que ser ágiles significa también no conseguir todo lo que quieres o crees que podrías conseguir, pero que esto no es tan importante como cruzar la línea de ese callejón y pensar en la siguiente carrera.

El tamaño importa, pero al revés

Los proyectos ágiles se adaptan mejor a equipos reducidos de personas, ya que se requieren ciertas dinámicas y formas de trabajo muy interactivas para conseguir la compenetración del equipo y el alineamiento hacia los objetivos y tareas a realizar.

Por esta razón, este enfoque resulta especialmente adecuado en las fases iniciales de ingeniería y estudios conceptuales de proyectos, o bien en la ejecución de proyectos pequeños que no requieren un gran número de personas. También puede aplicar la metodología en proyectos que, siendo grandes, pueden dividirse para su ejecución en subproyectos independientes.

La verdadera potencia no reside en sí en el tamaño u orden de magnitud de los proyectos que se ejecutan, sino más bien en que las iniciativas pueden servir de catalizador para generar en cascada otras iniciativas y proyectos, produciendo un impacto significativo en las organizaciones.

Gestión del tiempo

Un flujo eficiente denota una mayor rapidez en la ejecución global del proyecto, pero ¿qué significa exactamente esto?

Primero aclaremos lo que no es Flow:

El Flow no se traduce en hacer todo igual, pero más rápido.

El "over-clocking" (técnica muy popular entre los aficionados de la informática del siglo pasado, consistente en aumentar la velocidad del reloj interno de la CPU para conseguir mejorar el rendimiento de un PC) conlleva normalmente un alto precio para los resultados que ofrece (vas a acabar sobrecalentando el ordenador y eventualmente se romperá).

Quien ha estado implicado en algún proyecto ejecutado en modo "fast track" lo puede atestiguar: largas jornadas de trabajo, desgaste físico y emocional, decisiones apresuradas seguidas por retrabajos para corregir los errores cometidos, nervios y frustración. La gente no quiere repetir la experiencia.

El método Flow Engineering significa emplear el tiempo que dispones de la mejor manera, dándole una importancia especial a pensar primero qué tienes que hacer y cómo lo vas a hacer.

Significa también que, cuando hagas una tarea, utilices tu experiencia y aprendizaje para ser más eficiente la próxima vez que tengas que repetirla.

Finalmente, significa poner las luces largas y anticipar problemas que ves venir con tiempo, te pueden ahorrar contratiempos y esfuerzo.

Limitar el trabajo en progreso

Es un error común dejarse llevar por la tentación de embarcarse inmediatamente en un montón de tareas y trabajos desde el primer momento, transmitiendo una falsa sensación de seguridad y de que vamos por buen camino, cuando en realidad es muy probable que de esta forma la mayor parte de las tareas no aporten valor inmediato al proyecto, haciendo perder un tiempo precioso para abordar otras que sí son realmente importantes.

Todo esto se pone en acción en la planificación de tareas (Sprint Backlog) y en las retrospectivas.

Por ejemplo, en la planificación, se intenta anticipar cuantos Sprints serán necesarios para conseguir llegar a un producto mínimo viable (entrega de valor). Esto puede llevar a cambiar el replantear la estrategia del proyecto.

En las retrospectivas, el foco está en el aprendizaje y la mejora continua, aplicando la experiencia adquirida en ganar eficiencia para futuros Sprints.

La gestión del cambio

Es imprescindible generar un entorno abierto que fomente la orientación de los trabajos al valor y no a cláusulas contractuales u otros intereses.

Todo el proceso de gestión del cambio hay que basarlo en las necesidades de tu propia organización. Aquí te exponemos lo que a nosotros nos funcionó:

- Empieza por el proceso y el conocimiento de las personas. Analiza el estado actual de las formas de trabajo, pregunta a las personas que forman los equipos de trabajo e identifica potenciales de mejora.

- Sé ambicioso pero realista. Transformar de forma sostenible es un proceso incremental. Hay que entregar valor lo antes posible y continuar haciéndolo en cada etapa de los proyectos. Ésta será la vía para poder seguir avanzando y alcanzar cambios de mayor impacto cada vez.

- Define una velocidad de cambio adaptada a todos los involucrados. Realiza un plan de integración continua de todos los interesados (usuarios, clientes, Sponsors, áreas de soporte, etc.) Identifica cuáles son los recursos clave para la implantación y equilibra la velocidad del proyecto a ellos. Esto permitirá una mejor gestión de expectativas para todos.

- Aúna lo mejor, trabajo en equipos diversos y enfocados hacia el valor. En proyectos de transformación el equipo facilitador debe tener múltiples habilidades y competencias (conocimientos técnicos, habilidades de gestión, comunicación, empatía, liderazgo, estrategia, etc.) El equipo debe ser solidario durante el cambio, ofreciendo un alto nivel de desempeño para conseguir entregar valor lo antes posible y seguir haciéndolo de forma constante.

- Asume el riesgo de fallar. Prueba y aprende rápido con recursos necesarios pero limitados. Mide los riesgos y marca límites.

- Mide y documenta. El proceso se debe construir sobre la toma de decisiones basada en datos y lecciones aprendidas.

- Define tu plan inicial y pivota si es necesario. Analiza si la estrategia aplicada está dando resultados, y revísala o adáptala según sea necesario.

- Transmite el cambio. Para reducir la resistencia al cambio es imprescindible dotar de transparencia y alta comunicación a los proyectos. Explica la visión (porqué), los beneficios (para qué), establece acciones de co-diseño (el qué), anticipa el proceso y cambios a los implicados y los riesgos que se asumen (el cómo).

Todas estas reflexiones fueron contrastadas durante nuestro proyecto y nos ayudaron junto con grandes dosis de paciencia y perseverancia a llevar a buen término la implantación de la metodología Flow Engineering.

Genera un entorno abierto que fomente la orientación de los proyectos hacia la aportación de valor real.

QUÉ HACER SI...

7

7. Qué hacer si...

Resolución de problemas durante la ejecución

Se exponen una serie de situaciones que pueden ocurrir durante la ejecución de un proyecto, así como algunas recomendaciones para resolverlas.

Antes de comenzar el proyecto

Sponsorización

La dirección de la organización "no compra" el planteamiento de Flow Engineering. ¿Cómo convencerles?

Se puede plantear un primer proyecto piloto, con un alcance limitado, que sirva de demostración de los beneficios de la metodología Flow Engineering. Asegúrate de que este proyecto piloto puede abordarse con esta metodología, y que vas a ser capaz de llevarlo a cabo con suficientes garantías de éxito (básicamente se traduce a que cuentas con un equipo a la medida). Asegúrate también de definir bien de antemano cuáles son tus criterios de éxito evitando falsas expectativas o metas inalcanzables.

Recursos

No hay suficientes recursos o las personas *asignadas no tienen sufi-ciente dedicación.*

Es posible que algunas personas del equipo puedan asumir más de un rol, o un mayor peso en el desempeño de las tareas, proporcionando "tracción" al proyecto.

Esta situación en algún momento debe revertirse consiguiendo progresivamente un mayor nivel de involucración del resto del equipo. Una situación normal en nuestra experiencia es la transición de roles "pasivos" a roles "activos", que se da cuando las personas del equipo acaban entendiendo cómo funciona la metodología y se integran en el flujo de valor del proyecto, consiguiendo el "Flow".

En cualquier caso, el éxito del proyecto depende de que exista una "masa crítica" del equipo con suficiente capacidad, motivación y nivel de dedicación suficientes para llevarlo a cabo con éxito.

Si esta masa crítica no existe, es mejor que el proyecto no arranque, porque inevitablemente fracasará. Si la reacción no se propaga al resto del equipo, por falta de dedicación o de capacidad, también se corre el riesgo de que la masa crítica "se agote". El apoyo de la dirección es fundamental en este punto, a la hora de asegurar la dedicación y disponibilidad de las personas asignadas al proyecto. Recuerda, Flow Engineering no es una varita mágica, es simplemente una forma de sacarle el máximo partido a los recursos que tienes. Si no hay recursos, no hay resultados.

Inicio del proyecto

Cambio cultural y resistencia al cambio

Hay desconfianza y escepticismo hacia la metodología y se la percibe como un riesgo o una pérdida de tiempo.

Este escenario creemos que debe ser considerado como hipótesis inicial en cualquier proyecto, dado que es una metodología novedosa cuya implementación conlleva inevitablemente una gestión del cambio.

Es fundamental aquí el apoyo de la dirección, así como impartir una formación inicial a todo el equipo. Poco a poco, si la metodología se aplica bien, comenzará a dar resultados en forma de entregas de valor, y entonces conseguiremos el cambio de las personas.

Dentro del propio equipo existe la tendencia de hacer las cosas como siempre se han hecho (waterfall). La gente es reacia a salir de su zona de confort.

Además del aspecto de gestión del cambio mencionado en el punto anterior, la planificación de tareas, si se realiza de manera adecuada y está orientada a la entrega temprana de valor, irá indicando el camino a seguir.

Es típico que en determinados momentos del proyecto surjan dudas y dilemas sobre cómo definir, planificar y organizar las tareas. También en cuál debería ser el resultado o "entregable" de dicha tarea, o bien que se ponga en duda la viabilidad de realizar las tareas en el tiempo asignado. A menudo se emplearán argumentos del tipo "esto siempre se ha hecho de esta manera", "necesito más tiempo", etc.

Es útil entonces volver a los principios básicos, haciéndonos preguntas del tipo: ¿qué valor aporta esta tarea? ¿qué es lo importante? ¿puede realizarse de manera más sencilla? ¿tenemos ya todo lo necesario para abordarla? ¿se puede romper en otras subtareas? ¿quién puede realizarla? ¿podemos repartir la tarea realizándola de forma colaborativa? ¿cuál debería ser el entregable (producto mínimo viable) y donde reside su valor? ¿qué asunciones estamos adoptando y cómo podemos verificar si son ciertas? ¿existe algún desperdicio qué puedo evitar? ¿podré completar la tarea en este Sprint? ¿qué ocurre si no llegamos?

Arranque del proyecto

*Vale, ya me han explicado la metodología, pero ahora,
¿cómo hago mi proyecto? ¿por dónde empiezo?*

Busca ayuda de otras personas con experiencia anterior en proyectos ágiles, y pídeles que te ayuden a realizar un planteamiento del proyecto, a modo de guion, visualizando todo el proyecto de arriba abajo, y definiendo cuántos Sprints necesitas y cuáles son las principales tareas e hitos de cada uno.

No te obsesiones al principio con tener una planificación detallada de todas las actividades y tareas del proyecto del principio hasta el final. Céntrate inicialmente en montar tu equipo de trabajo, definir bien el primer Sprint Backlog, así como los criterios de éxito y objetivos del proyecto.

Asegúrate de que en el equipo contáis con asesoramiento de un coach o experto que os acompañe durante la ejecución, sobre todo en las fases de planificación y retrospectivas.

Pon foco en la toma de decisiones e intenta mantener el orden y la disciplina en las sesiones de trabajo, sobre todo al principio, hasta que se consoliden las rutinas y ceremonias del proyecto.

Aplica los principios básicos de eficiencia para definir los entregables del proyecto. Poco a poco, el equipo irá cogiendo las rutinas y funcionará por sí solo.

Ejecución del proyecto
Bloqueos

Surgen tareas o actividades que se quedan atascadas y no avanzan, comprometiendo todo el proyecto.

Analiza cuál es la razón de este atasco:

- Falta de capacidad/recursos.

- Falta de información, o bien dependencia de otras tareas que todavía no se han priorizado y están incompletas.

- La causa tiene que ver con gestión del cambio y personas: discrepancias o diferencia de opiniones dentro del equipo, decisiones que se posponen o que no dependen del propio equipo, roles pasivos, etc.

Una vez categorizada la causa del atasco, se podrá buscar la mejor solución, priorizando las acciones necesarias para resolverlas.

Es posible que sea necesario identificar nuevas subtareas (por ejemplo, búsqueda de información), rompiendo tareas grandes en otras más pequeñas.

Cada tarea debe tener un alcance bien definido, y al mismo tiempo debe quedar claro quién asume esa tarea dentro del equipo.

La gestión del cambio y el acompañamiento puede también ser necesario en el caso de que haya gente del equipo que todavía está atrapada en roles pasivos.

No dejes que el balón de vóley caiga en una zona muerta del campo, siempre debe haber algún jugador cerca para recibirlo y que no toque el suelo.

Hay personas en el equipo que se quejan de que no tienen tiempo para cumplir con las actividades que tienen comprometidas, o les falta información, etc.

Puede que sean reclamaciones legítimas, hay que analizarlas para ver dónde está el bloqueo y cuál es el impacto en el proyecto, encontrando la manera más eficiente para resolverlo anteponiendo siempre la entrega de valor por encima de todo lo demás.

Puede ser que algunas de las tareas o actividades se puedan posponer por no ser prioritarias, o que se puedan simplificar, o se puedan romper en subtareas más asequibles o que lo importante en sí para completarlas no sea tener todo el documento entregable, sino algo más sencillo como unos datos para tomar una decisión con el resto del equipo. O simplemente tomarse un momento de respiro, y tomarse un café.

Cada situación es diferente, y puede exigir un enfoque específico, pero la aproximación en cualquier caso siempre es la misma: hablar y entenderse. La mayoría de los problemas se resuelven de esta forma tan sencilla y a la vez tan poco frecuente en ciertos entornos laborales.

Gestión de conflictos

*En el equipo hay diferentes opiniones, corrientes de pensamiento, intereses en direcciones opuestas. ¿cómo puede ayudar el método **Flow** Engineering? En otras palabras, ¿cómo se gestionan los conflictos?*

He aquí una receta sencilla, basada en planteamientos Flow.

- ¿Cuál es el objetivo?

- ¿Dónde está el valor?

- ¿Cuáles son los hechos y datos básicos de partida?

Desde estas preguntas básicas, se va bajando hasta llegar al punto de la discrepancia.

- ¿Dónde está el punto de bifurcación? ¿Cuáles son los diferentes puntos de vista, alternativas, etc.?

- De las alternativas planteadas, ¿se puede determinar de alguna manera cuál es la más sencilla y rápida de implementar (o poner a prueba)? ¿Cuál es la que mayor valor aporta?

- ¿Se pueden compatibilizar ambas visiones dentro del esquema del proyecto? ¿Podemos explorar las varias "ramas" o visiones dentro del proceso iterativo, hasta poder llegar a una conclusión o resolución conforme haya más información o se haya alcanzado un mayor grado de madurez?

Al llegar a este punto, todas las personas que han participado tendrán una visión clara y compartida del contexto y de donde reside exactamente la discrepancia, al mismo tiempo que se habrán puesto encima de la mesa los argumentos y hechos (más o menos objetivos) que apoyan cada punto de vista.

En función de la naturaleza de la discrepancia o conflicto (técnica, de intereses, etc.) se podrá determinar si la solución puede enfocarse desde dentro del proyecto, o bien si el problema reside en factores externos/ajenos al proyecto. En este último caso lo mejor es intentar "sortear" el problema dejándolo a un lado, llegando a una situación de compromiso, salvo que esta situación ponga en riesgo por sí misma el éxito del proyecto, en cuyo caso tendrá que elevarse a las instancias apropiadas.

Toma de decisiones

Para seguir avanzado hacen falta decisiones urgentes sobre ciertos asuntos ¿cómo ayudar a que estas decisiones se tomen y, sobre todo, que sean acertadas?

Las decisiones que pueden tomarse dentro del equipo deben abordarse en las sesiones de trabajo. En caso de que la información necesaria para tomarlas no esté disponible, debe priorizarse las acciones y tareas relacionadas con la búsqueda de dicha información. Como regla general, en la agenda de una sesión de trabajo, la identificación de los puntos de decisión debe ser el punto principal.

¿Qué pasa con las decisiones que dependen de Stakeholders externos? Es muy importante mantener a estos últimos continuamente informados de la marcha del proyecto y de cualquier cuestión relevante que pueda surgir y que esté dentro de su ámbito de decisión.

Esto se puede hacer en las rutinas Sprint Review o bien en sesiones específicas convocadas para este propósito. Estas sesiones tienen que estar bien preparadas y contener toda la información disponible (contexto, alternativas, resultados previsibles de cada escenario etc.) para poder facilitar una correcta decisión.

Por esta razón, puede ser conveniente que el propio equipo pueda trasladar su propia recomendación para facilitar la valoración y toma de decisiones.

Desgaste

Las rutinas de trabajo de los Squads comienzan a ser reuniones convencionales de seguimiento, consumen mucho tiempo, sólo participan las mismas personas, no se percibe una gran aportación de valor en las mismas.

Conforme avanza el proyecto, es normal que las reuniones pierdan contenido como sesiones de trabajo y toma de decisiones, convirtiéndose más en sesiones de seguimiento. Esto puede ser síntoma de que el equipo ha cogido unas rutinas de trabajo y que algunas de las tareas ya comienzan a ser repetitivas.

En sí, esto no es malo, pero recuerda que el recurso más valioso es el tiempo.

Si hay tareas repetitivas, intenta poner el foco en cómo hacer que esas tareas sean más eficientes

Optimiza el tiempo de las reuniones de todo el equipo. Si puedes acabar una reunión antes, para dar ese tiempo al equipo y que puedan avanzar en otras tareas, te lo agradecerán.

¿El equipo está trabajando bien y se está avanzando, pero al mismo tiempo hay mucho desgaste por la dedicación tan intensiva? ¿Cómo mantener la motivación?

No hay una fórmula mágica para esto, pero el sentido común nos puede ayudar con una serie de pautas y recomendaciones muy sencillas:

- Conoce bien a cada una de las personas del equipo, sus motivaciones, su estado anímico, su nivel de cansancio, etc. Las dinámicas de trabajo en Flow Engineering facilitan el contacto entre las personas y la comunicación informal a través de las que se puede tomar "el pulso" al proyecto.

- No abuses de los Sprints y del botón "nitro". La clave es aportar valor de manera sostenida y continuada en el tiempo. Aportar mucho valor al principio a borbotones para que luego el grifo se quede "seco" no vale de mucho. Dosifica el esfuerzo. Celebrar y reconocer los avances conseguidos por el equipo aprovechando las entregas de valor parciales.

- Repartir el liderazgo en función del momento y las tareas que se ejecutan en cada instante. Intenta que la "liebre" del proyecto no sea siempre la misma persona. Agilidad es también una carrera de relevos.

Cada Sprint entrega valor para que luego otra persona o equipo lo pueda continuar en el siguiente Sprint.

- Cuando estés desanimado, mira hacia adelante, visualizando el final del proyecto, la meta cada vez está más cerca. Mira también hacia atrás apreciando todo el camino que ya llevas andado.

- Por último, el sentido del humor entre las personas del equipo es tan necesario como lo es un chorro de lubricante en una caja de engranajes.

Planificación

Se están acercando las fechas de entrega comprometidas y no llegamos ¿qué hacemos?

Si no vas a llegar a una fecha, intenta al menos realizar una entrega parcial del valor de la tarea o hito comprometido.

Al mismo tiempo, intenta replanificar dicha tarea, rompiéndola en subtareas y reorganizando los recursos y prioridades del proyecto, en función de la importancia que tenga dentro del proyecto global.

Empuja la tarea hacia el siguiente Sprint, y si puedes, remplázala por otras tareas que puedan aportar valor en la fase donde te encuentres.

Si al final no consigues llegar a la fecha comprometida, lo que está pasando es que:

- Han surgido dificultades o problemas imprevistos.

- Las tareas para acometer han desbordado la capacidad del equipo, la planificación no era realista o bien la disponibilidad real ha sido menor que la necesaria.

- Se ha perdido tiempo por curva de aprendizaje, errores, inexperiencia, o bien la metodología no se ha aplicado correctamente.

En cualquiera de las situaciones anteriores, siempre es posible un aprendizaje y mejora. Sé sincero y transparente compartiendo las conclusiones de dicho aprendizaje tanto dentro del equipo como hacia afuera (Clientes y Sponsors).

Conclusión del proyecto

Se cuestiona el éxito de la metodología Flow Engineering una vez llevado a término el proyecto, entre otras razones:

"Eso era muy sencillo"

"Habéis tenido muchos recursos, así cualquiera..."

"El proyecto lo ha realizado gente muy experta que sabía de antemano como hacerlo. No ha sido cosa del Flow"

Se podría haber hecho como siempre, el resultado hubiese sido igual..."

Más allá de entrar directamente a refutar cada una de las afirmaciones anteriores, o de otras similares que puedan plantear los detractores de la metodología, recuerda que lo más importante es abrir un nuevo camino hacia el cambio, y convencer. Un buen proyecto con el método Flow Engineering debe incluir entre sus entregables:

- Un resumen de la metodología utilizada, incluyendo benchmarking frente a otros proyectos similares que se hayan realizado de manera convencional.

- Un balance de los recursos reales utilizados durante la ejecución.

- Un timeline que refleje fielmente las entregas de valor realizadas a lo largo del tiempo.

- Unas lecciones aprendidas y conclusiones que permitan mejor la implementación de Flow Engineering en futuros proyectos.

Concluir un proyecto en tiempo récord puede ser como subir a un 8K. Muchas de las sensaciones y experiencias vividas por el equipo no van a poder transmitirse fuera del mismo. Incluso puede que se cuestionen los resultados conseguidos - como también pasa en el montañismo real, a veces las altas cumbres no se pueden verificar fácilmente o de manera inmediata.

De cualquier forma, lo primero, es bajar al campamento base. No puedes quedarte arriba y luego hacer un cordal de cumbres 8K indefinidamente. Aunque te lo pidan tus Sponsors.

Asegúrate de que tu equipo vuelve sano y salvo, descansad y reflexionad sobre lo conseguido. Algo ha cambiado en vosotros.

Más adelante, otros equipos, tú mismo, volverán a intentar otra cumbre.

Enfocarnos a **ser eficientes** es posible, evitar que los proyectos se retrasen siempre y cuesten más de lo que se estima, aunque sumamente complejo, **es posible.**

Después del primer **primer** **Proyecto**

8

8. Después del primer proyecto

Aprendizajes

Todo lo que hemos aprendido del valor que nos ha ofrecido a nosotros la metodología:

- Flow Engineering genera un flujo constante de trabajo. Aporta información anticipada al cliente que le permite tomar decisiones sobre escenarios, enfoques, retornos y riesgos.

- Hay un proceso de descubrimiento del alcance conforme se avanza. La planificación incremental permite un mejor enfoque hacia la cadena crítica del proyecto.

- El diseño de equipos en formato Squads; de procesos y especialidades en colaboración real con toda la red de colaboradores, potencia la capacidad de ejecución.

- Un entorno colaborativo físico (rutinas ágiles) y virtual (entornos compartidos) dota de una mayor flexibilidad para adaptarnos a las necesidades del proyecto.

- El enfoque ágil acelera el proceso de desarrollo y favorece un mayor aprovechamiento de los recursos consiguiendo niveles de calidad superiores.

- Flow Engineering es idóneo para aprovechar las sinergias que pueden existir entre proyectos de temáticas similares que se ejecutan simultáneamente.

Lo realmente importante era iniciar la transformación

Todos los proyectos de eficiencia energética que llevamos a cabo con Flow Engineering han conseguido los objetivos buscados, alcanzando aparentemente el éxito.

Aunque es importante concluir que todo este método de aceleración de proyectos no deja de ser eso, un método.

Para que realmente esto se convierta en una forma de trabajo sólida y sostenible en el tiempo, debemos poner en perspectiva la necesidad real de transformar la manera en que nos organizamos y gestionamos los proyectos en nuestras organizaciones.

Enfocarnos a ser eficientes es posible: evitar que los proyectos se retrasen siempre y cuesten más de lo que se estima, aunque sumamente complejo, es posible.

En nuestra experiencia, consideramos como clave mantener un enfoque hacia el valor y, para ello, los equipos de dirección deben promover la creación de una cultura de trabajo que se asiente bajo los modelos Lean de eliminación de desperdicios, cuestionando en todo momento por qué realizamos las cosas de alguna forma, el valor real que aportamos y considerar las oportunidades que nos ofrece la digitalización para tener modelos de trabajo más colaborativos y eficientes.

También queremos poner de manifiesto lo valioso que es tener un ciclo de mejora continua real donde los empleados sean los protagonistas. De esta manera cualquier método estará sujeto a ser mejorado y adaptado a las necesidades cambiantes de cualquier organización.

Claves para conseguir consolidar métodos ágiles en proyectos de ingeniería

El primer punto es indiferente en cualquier enfoque: **dotar a los proyectos de los recursos necesarios**. En nuestro caso la oportunidad de disponer de personas dedicadas a los diferentes roles permitió poner todo este método en marcha. No siempre los proyectos miden correctamente la necesidad de recursos reales y los tipos de recursos necesarios.

Transversalidad y multidisciplinariedad. Para alcanzar unos modelos colaborativos eficientes, es imprescindible contar con equipos encargados de la facilitación de los proyectos que además se compongan por personas que aportan diferentes competencias, no solo técnicas, sino también habilidades blandas como comunicación, gestión de conflictos, etc. Estos equipos, a su vez, tienen la misión de permitir que diferentes áreas o equipos se compenetren y trabajen de forma conjunta hacia la consecución de los objetivos de los proyectos.

Nuevos modelos organizativos. En el modelo clásico de ejecución de proyectos, la figura del jefe de proyecto es el eje principal, asumiendo la responsabilidad de coordinar con carácter general todos los trabajos a desarrollar.

En nuestro método hemos observado que la figura de coordinación general ha de gestionarse de forma centralizada, pero debe diferenciarse en dos roles:

- Por un lado el **especialista de proceso**, que es el protagonista fundamental del proyecto en fase conceptual. Es el que conoce y coordina todos los equipos de trabajo y tareas técnicas, facilitando la terminación de las mismas y siendo garante al mismo tiempo de la calidad del producto final.

- Por otra parte, la figura del **Scrum Master** permite mantener una ejecución eficiente de los proyectos a través de la coordinación de las rutinas, el seguimiento y análisis de indicadores, generando entornos de colaboración entre personas y equipos.

Hay que dotar del máximo empoderamiento y autonomía a los equipos de trabajo. Ellos tendrán la capacidad, en coordinación con el especialista de proceso, de ir definiendo las tareas a completar.

Únicamente en aquellos casos donde se deban tomar decisiones clave por parte del cliente, se propondrá al Agile Project Manager para que lo gestione.

En este caso, es muy importante que las personas que conformen los equipos sean expertos en cada una de sus materias y cuenten con la solvencia técnica suficiente para constituir equipos de trabajo autónomos.

Las organizaciones tienen que estar dispuestas a realizar cambios constantemente, ya sea en cómo se desarrollan los entregables, los métodos de estimación, tipología de contratos, organización de los equipos de trabajos, especialidades de las personas, etc. Para poder adaptarse a un nuevo método, se debe generar un ciclo crítico hacia la mejora continua y cuestionarnos cómo estamos haciendo las cosas y cómo podemos hacerlas siendo más eficientes. La transformación comienza desde una perspectiva donde el verdadero valor es aquel aportado al cliente, trascendiendo la simple eficiencia del proceso o la calidad del producto.

La concepción de estándares para generar entregables que hayan sido refinados hacia el valor permitirá hacer muy eficiente el proceso de desarrollo de la ingeniería conceptual. Con frecuencia, se asocia el concepto de entregable al de un típico documento de muchas páginas; en realidad, un entregable debería asemejarse más a aquella información o documentación que necesito para aportar valor a mi cliente facilitándole el siguiente paso en su flujo de trabajo o decisión.

Como ejemplo, en nuestro proyecto llamamos entregable de valor a simples tablas de datos que nos permitían comparar rápidamente escenarios, o a las conclusiones de una reunión de trabajo donde se decidía entre posibles alternativas.

Fomentar acuerdos con colaboradores externos y generar equipos de trabajo que colaboren juntos en diferentes bloques de proyectos hará que el ciclo de paso de ideas a ingeniería conceptual sea cada vez más rápido y se vayan identificando cada vez formas más eficientes de desarrollo.

Para conseguir una sostenibilidad del modelo, hay que ir haciendo campañas de comunicación y formación de los nuevos métodos de gestión de proyectos a otros profesionales de la compañía, incluso a la propia cadena de suministro. Dar a estos últimos la oportunidad de participar en los equipos de trabajo facilitará que ellos mismos puedan en el futuro adoptar la metodología Flow Engineering en sus propios proyectos.

Añadimos un punto adicional, quizás el más importante de todos: con objeto de dar respuesta a los retos y necesidades de la sociedad actual, es necesario por parte de las organizaciones crear una nueva cultura en el mundo de los proyectos de ingeniería. Abierta a considerar nuevas formas de hacer las cosas, que asume riesgos controlados, basada en la colaboración, confianza y transparencia con los equipos de trabajo y proveedores. Enfocada en definitiva hacia la búsqueda del valor por encima de la adherencia ciega a procedimientos y prácticas que, en una industria sometida a continuos cambios y transformaciones, no tardarán en quedar obsoletos.

Epílogo

Epílogo

La implantación del método Flow Engineering ha conseguido los objetivos definidos inicialmente, alcanzando aparentemente el éxito. Sin embargo, pasa el tiempo y parece que este éxito finalmente se disipa sin que haya habido ningún cambio significativo. Finalmente llega al olvido.

Hacemos nuestra propia reflexión leyendo sobre un hecho histórico deportivo que se remonta a las olimpiadas de México del año 1968.

Bob Beamon, atleta estadounidense, consiguió el récord mundial absoluto de salto de longitud con una marca de 8,90 metros. Conocido como el salto del siglo.

Durante muchos años, esta marca olímpica permaneció imbatida, hasta el punto de que hubo quienes cuestionaron si el salto de Bob había sido realmente posible, o bien intervinieron otros factores como un viento excepcionalmente favorable, un error de los jueces al evaluar la marca o algún hecho desconocido.

El récord quedó convertido durante muchos años en un mito, inalcanzable, un hecho que a lo mejor nunca ocurrió.

"Beamonesco" es un adjetivo inglés acuñado para designar algo que es irrepetible, una proeza atlética sin precedentes.

de Mexico, Mexique, 18 octobre 1968. L'Américain
nommé « l'araignée de...

https://www.skysports.com/olympics/news/15234/12363353/bob-beamon-olympic-long-jumper-on-incredi-ble-world-record-jump-in-1968-and-why-he-protested

En esta imagen vemos a Bob celebrar el salto en el podio, junto con los otros finalistas de la prueba. Esta foto no fue difundida hasta mucho más tarde, en el año 2017, por el fotógrafo francés Raymon Depardon, en primer plano.

Bob eleva su puño en alto vistiendo unos visibles calcetines negros en solidaridad en aquella época con los afroamericanos y en rechazo a la injusticia racial en el mundo.

Se unía así a las protestas de otros dos compañeros del equipo olímpico americano, Tommy Smith y John Carlos, que dos días antes habían subido al podio empuñando guantes negros. Un gesto que les trajo consecuencias, ya que vieron sus carreras deportivas truncadas por presiones tanto de organismos oficiales como de parte de la sociedad.

Estos atletas no dudaron en utilizar su logro olímpico como plataforma para impulsar un mensaje que para ellos era importante. Un mensaje de cambio, una petición a la sociedad para abrir los ojos antes una realidad, que, aunque aceptada en aquel momento por gran parte de la sociedad, era injusta. Se necesitaban acciones y compromisos concretos para mejorar.

¿Sirvió todo esto para algo? La historia lo está juzgando. Nosotros creemos que sí.

Gracias
por tu lectura

Para que realmente esto se convierta en una forma de trabajo sostenible, debemos **transformar** la **manera** en que nos organizamos y gestionamos los proyectos.

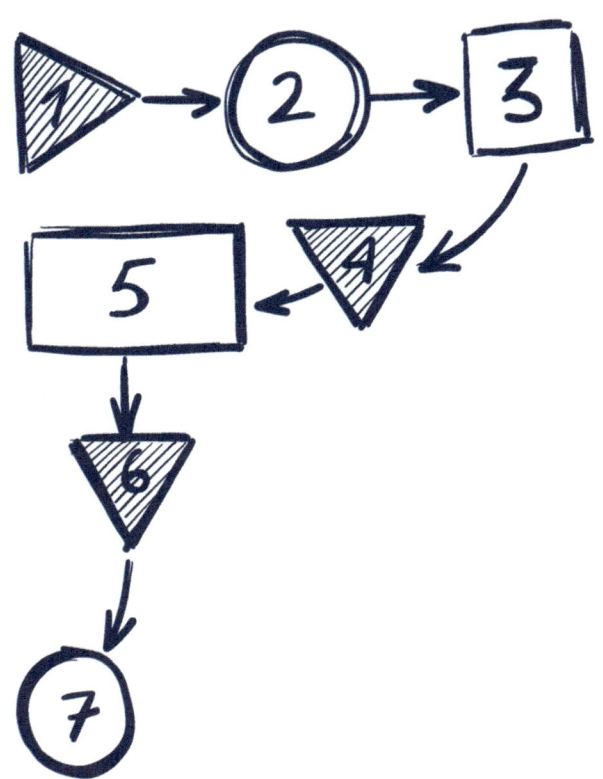

Anexos

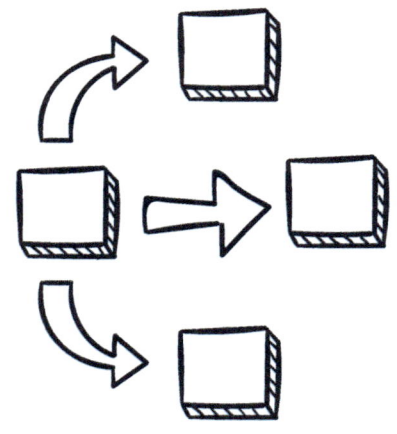

Anexos

Buenas prácticas para facilitación de rutinas de trabajo

- Establecer un guion de la reunión procurando que el orden y contenido de los temas a tratar se ajusten siempre al mismo.

- La reunión debe tener un coordinador.

- La reunión, si pertenece a un ciclo de reuniones recurrentes, debe realizarse en unos horarios y duraciones prefijadas.

- Los horarios, duración y guion de la reunión han de ser conocidos antes de la reunión y deben convertirse en una rutina para los asistentes.

- La reunión debe ser preparada por parte de los asistentes utilizando previamente la comunicación informal o formal (según sea necesario).

- Se puede incluir en la agenda de reunión una sección breve de reporting donde se dé cuenta de la situación y avances a todo el equipo.

- El grueso de la agenda de reunión se dedicará a los siguientes contenidos:

    - Exposición de los de logros y/o desviaciones analizando la causa de los mismos.

    - Búsqueda de consensos para la toma de decisiones del equipo.

    - Trabajo efectivo en tareas establecidas del backlog.

Estándares de agenda

Kick Off proyectos

Intervención del Agile Project Manager.

- Explicación de Proyectos y de fases estándares descritas (Product Backlog).

Intervención Equipo de proyecto.

- Definición de los miembros del equipo para el sprint

- Revisión del estándar de fases definidos para los proyectos (Product Backlog.)

Diseño mapa de proyecto.

- Realizar el mapa de proyectos según las fases diseñadas y establecer el marco temporal y objetivos.

Definición de Rutinas por Squads.

- Puesta en común de rutinas y planificación de estas.

Sprint Planning

Antes de la reunión

Backlog con todas las necesidades del cliente actualizadas y priorizadas. (Resultado del trabajo de refinamiento del Product Backlog)

En caso de no ser el primer Sprint Planning del proyecto, review de la anterior Sprint realizada.

Durante la reunión

Intervención del especialista de proceso.

- Se indican cambios o ampliaciones desde el último Sprint Planning.

- Se establece para cada una de las tareas del backlog el criterio para darlas por completadas.

- Se trasladan al backlog las prioridades establecidas según las necesidades del cliente.

Intervención Equipo de proyecto.

- Se establece el alcance del valor (definición de valor) que se aportará en este sprint.

- Se definen las tareas necesarias para alcanzar dicho valor. Se fijará un límite máximo de dedicación equivalente a 10 días de trabajo.

- Se definen las precedencias entre tareas y su secuencia temporal.

- Visualización global de Sprint Planning y acuerdo entre especialista de proceso y Equipo de proyecto.

Planificación

- Se basa en el resultado del sprint anterior. Debe analizarse si es necesario revisar la visión a largo plazo y el análisis estratégico de riesgos.

- Mitigación de nuevos riesgos detectados, incluyendo "pivotar" hacia otro proyecto o tareas si fuera conveniente.

- Pivotar a otro proyecto o tareas si es necesario.

- Definición objetivo del Sprint.

- Definición de tareas estructuradas en fases de cara a la consecución de objetivos:

  - Definir precedencias

  - Definir puntos de decisión concurrente o de otra parte del equipo.

Visión a largo plazo

- Planificar en función de la capacidad un reparto estimado del contenido de trabajo de cara sprint para alcanzar el objetivo.

- Analizar los riesgos estratégicos de retraso o no cumplimiento del objetivo estratégico.

Weekly Meeting

Visión sprint

- Mantener los objetivos del sprint.

- ¿El avance de esta semana es el previsto? ¿Está en riesgo el objetivo del sprint? ¿Debemos tomar alguna medida para recuperar el retraso? Detectar riesgos, bloqueos o impedimentos que pueden impedirnos el objetivo del sprint.

- Definir nuevas tareas para mitigar esos riesgos.

- Refinar, agregando nuevas tareas y más específicas.

- Mejorar la estimación de fechas y duraciones dentro del sprint.

- Eliminar tareas no necesarias.

Visión proyecto

- Mantener una visión de conjunto hacia el objetivo final del proyecto (alcance y plazo).

- Prever futuros entregables y/o necesidades para los próximos sprints.

- Detectar riesgos, bloqueos o impedimentos que pueden impactarnos en el proyecto.

- Detectar necesidades de pivotar a otros proyectos en siguientes sprints en caso de bloqueos en el desarrollo del proyecto en curso.

- Mantener los objetivos del Sprint.

- Agregar nuevas tareas más específicas (este sprint).

- Eliminar tareas no necesarias (este sprint).

- Mejor estimación de fechas, duraciones.

Sprint Review y Retrospectiva

Visión proyecto

¿Cuál era el objetivo del Sprint?

- Demostración de lo que hemos hecho.

- ¿Qué no hemos podido hacer? ¿Por qué?

- Ideas de mejora para funcionar mejor.

Review

- 30 minutos máximo por proyecto.

- Todo el equipo junto.

- En caso de videoconferencia se recomienda que las cámaras estén activadas.

- Mostar resultados reales, entrando en explicaciones: uso, beneficio, utilidad.

- Aceptar resultados al cumplirse la definición de completado.

- Rechazar resultados: vuelve al backlog para el siguiente Sprint.

- Negociar resultados: meter alguna tarea nueva en el Backlog.

Retrospectiva

- Generar ideas de mejora de eficiencia.

- Priorizar las ideas (sencillez/valor).

- Añadir tareas nuevas en el Backlog para implementar mejoras.

Ficha de proyectos

La ficha de proyecto será la base para conformar el punto de partida en el Kick Off. Esta ficha se irá ampliando conforme se vaya trabajando en los proyectos.

Los puntos que incluimos en nuestra ficha son:

Descripción del problema

Los primeros datos son básicos: nombre del proyecto, ubicación, propósito, reto o problema a resolver, qué forma parte del alcance y qué no está incluido. La información del alcance en el principio puede ser poco conocida, por lo que se irá documentando conforme se vayan trabajando en los primeros Sprints.

Equipo

El segundo aspecto fundamental del proyecto es definir el equipo de proyecto y los roles y responsabilidades de cada uno.

Cliente, Agile Project Manager, Process Specialist, Scrum Master o facilitador y luego las personas que conformarán los Squads que se definan. Este es el momento en el que los Squads asumen sus responsabilidades del proyecto y se generan las rutinas de trabajo y eventos ágiles que se van a producir durante todo el proyecto. Éstas quedarán reflejadas junto a las fechas de inicio y fin.

Además, se identificarán otros interesados con influencia en el proyecto, ya sea porque tengan que estar informados, tengan que participar puntualmente en alguna de las tareas o cualquier otro motivo que implique su colaboración o intervención en el proyecto.

Plan de trabajo

Datos relativos al inicio, fin y fechas y periodicidad de rutinas de trabajo ágiles.

Riesgos

Se identificarán inicialmente los riesgos globales de proyecto y su evaluación en base a esfuerzo impacto. Se puede hacer asignando a cada riesgo un nivel de criticidad (bajo/medio/alto) en función de su posición en una matriz cualitativa de riesgos. Esto dependerá de la criticidad del proyecto y de los riesgos identificados.

Para los riesgos en zona medio y alta se deberán establecer medidas de contingencia, que deberán ser registradas como tareas en el backlog de proyectos.

Desde de este preciso momento se irá diseñando el mapa de riesgos.

Lecciones aprendidas

Durante todo el proyecto se irán generando las lecciones aprendidas del proyecto, sea cual sea su ámbito: gestión de tareas, rutinas y eventos ágiles, aspectos técnicos, colaboración, intercambio de documentación, estándares de entregas de valor, etc.

Indicadores y resultados

Por último, se registrarán los indicadores asociados al proyecto, así como los principales resultados destacados del el mismo.

Ficha de proyecto

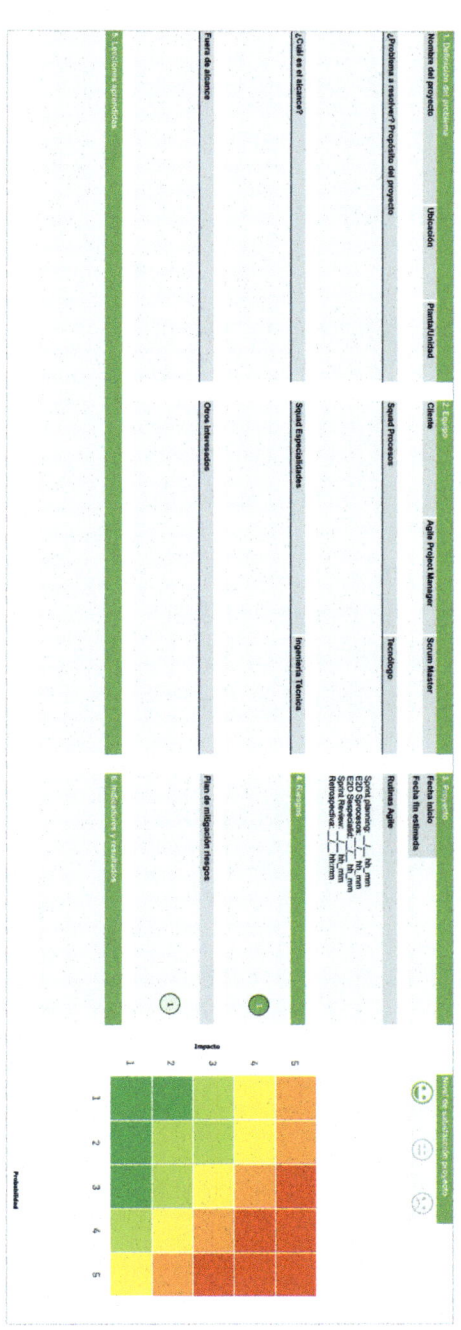

Matriz de priorización

La matriz de evaluación de proyectos representa el esfuerzo de ejecución versus impacto. Puede incorporarse una tercera variable, que sería el riesgo o probabilidad de éxito.

Para cada porfolio debe realizarse una evaluación preliminar y priorización de los proyectos que se incluyen bajo el mismo.

Para ello, y según el tipo de proyecto, estableceremos unos criterios de evaluación.

Para la evaluación del esfuerzo, recomendamos definir una escala de valores basada en la serie numérica de Fibonacci: 1, 2, 3, 5, 8, y así sucesivamente,correspondiendo el nivel 1 a 2 a un esfuerzo BAJO; 3 a 5 esfuerzo MEDIO y 8 a 13 esfuerzo ALTO. Los criterios para asignar estos valores deben ser consensuados con el Agile Project Manager y el Cliente.

En cuanto a la valoración del impacto, si es en términos cuantitativos se establecerá el rango tomando como partida el MIN y MÁX. Si fuera en términos cualitativos igualmente se establecerá una escala de valores.

Si se desea cuantificar el riesgo/probabilidad de éxito, una opción sencilla es definirlos como función de un parámetro de "madurez" (m) a nivel proyecto o solución tecnológica.

La función hiperbólica sigmoide, utilizada como función de activación en redes neuronales, proporciona un rango de valores entre 0 y 1 a partir de un valor de su argumento, que en nuestro caso sería el parámetro "madurez" (m).

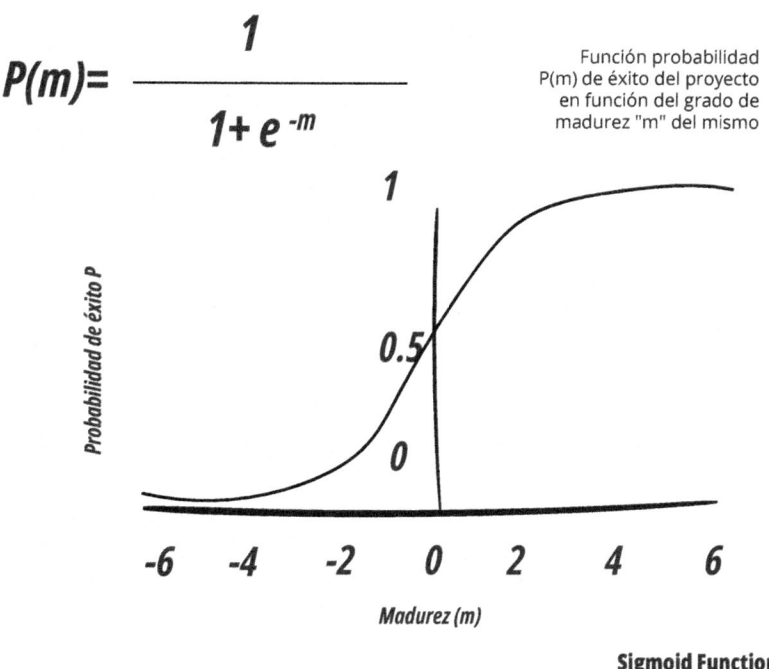

$$P(m)= \frac{1}{1+ e^{-m}}$$

Función probabilidad P(m) de éxito del proyecto en función del grado de madurez "m" del mismo

Sigmoid Function

La función anterior está calibrada para proporcionar el valor 0.5 en origen (m=0). Si se desea un offset sobre la escala de valores de madurez, o bien ajustar la pendiente de la curva de probabilidad, se puede realizar fácilmente modificando el término exponencial.

Así por ejemplo, para un proyecto con un nivel de madurez m=3 (alto), la probabilidad de éxito sería P=0.9525 (95,25%).

Un proyecto con nivel de madurez m=-2 (bajo), tendría una probabilidad de éxito P=0.1192 (11,92%).

Como conclusión, los criterios para la evaluación cuantitativa de las variables relevantes de un proyecto (esfuerzo, impacto, riesgo-probabilidad de éxito) deben ser consensuados con el Agile Project Manager y el Cliente. En caso de que haya más de un factor o variable a considerar, deben establecerse criterios de ponderación sobre los mismos de cara al cálculo del valor final.

El resultado final debe trasladarse a una matriz de evaluación ABC que permite clasificar los proyectos que forman parte del porfolio en función del esfuerzo requerido, el impacto y su riesgo.

Se clasificarán como:

- A, aquellos proyectos que generen un nivel mayor impacto y con un nivel de esfuerzo inferior a la media global del porfolio.

- B, aquellos proyectos que generan un impacto con un nivel de esfuerzo en la media global del porfolio.

- C, aquellos proyectos que generan impacto con un esfuerzo mayor a la media global del porfolio.En una sesión de alineación entre cliente y Agile Project Manager se validará la clasificación ABC del porfolio y se establecerán priorizaciones de proyectos para ejecutar el Sprint Backlog de este bloque de proyectos.

Durante la ejecución del proyecto, será necesario actualizar la valoración de impacto y esfuerzo en la matriz, contrastando la evaluación preliminar con el valor real. Esto nos proporcionará una buena perspectiva para mejorar la precisión de las evaluaciones de esfuerzo/impacto/riesgo de los proyectos.

Mapa de proyectos

- Se identifica el proyecto, ubicación y cualquier otra información estructural para caracterizar el proyecto.

- Se establece la línea temporal desde el momento del kick off meeting o lanzamiento de la idea hasta el objetivo final.

- Se establecen unas fechas de inicio y final objetivos.

- Se incluyen tantos Sprints como se consideren: partimos de la premisa de incorporar Sprints de 4 semanas de duración.

- Se identifican fechas de cada sprint.

- Se marcan las entregas de valor que componen todo el proyecto hasta llegar al objetivo final. Deben ser incrementales. Como ya se ha visto, las entregas de valor pueden ser de diverso tipo: aportación al equipo de una nueva información relevante, análisis de documentación, toma de decisiones de cualquier índole, emisión de documentos (entregables) formales, etc.

- En cada Sprint se identificarán los riesgos a alto nivel con una valoración preliminar de riesgo bajo, medio o alto.

- Estos riesgos se irán refinando en cada Sprint Planning y Weekly Meeting. El mapa de riesgos deberá ser constantemente revisado.

- Puede darse el caso que la respuesta a un riesgo pueda ser una entrega de valor del proyecto a recoger en el mapa.

- Este mapa de proyecto se deberá realizar en el primer Sprint Planning, aunque según la tipología de proyectos éste puede ser más idóneo hacerlo a partir del segundo Sprint cuando existe un mayor conocimiento del proyecto.

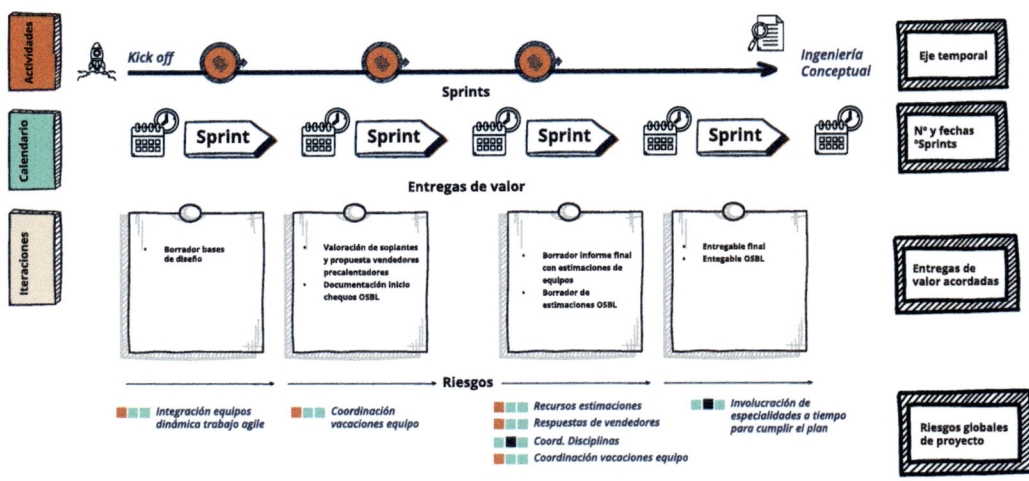

Mapa de porfolio

- Cuando se realiza el mapa de todos los proyectos incluidos en el bloque de Sprint Backlog, se definirá el mapa completo del porfolio, incluyendo la secuencia de proyectos a ejecutar, el número de Sprints asociado a cada proyecto, fechas de inicio y fin de cada Sprint Planning y deadline general del bloque de proyectos.

- Aporta una visión general del porfolio completo.

- Proponemos que el mapa del porfolio y el Gantt Chart se unan en un mismo documento.

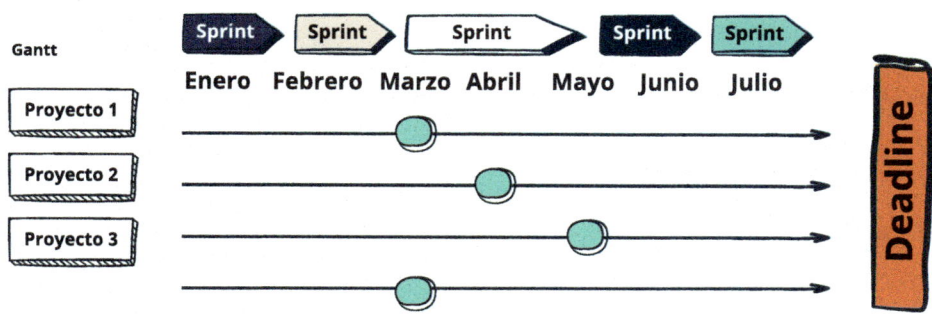

Mapa de riesgos e incidencias

A nivel general de porfolio se creará el mapa de riesgos por cada proyecto y por cada Sprint. Esto da una visión sobre qué proyectos tienen un mayor nivel de riesgo y en qué estado de madurez con respecto al objetivo lo tienen.

Además, permite identificar riesgos comunes, facilitando establecer planes de contingencia a nivel de porfolio, lo que incrementará la eficiencia y efectividad de las medidas de mitigación.

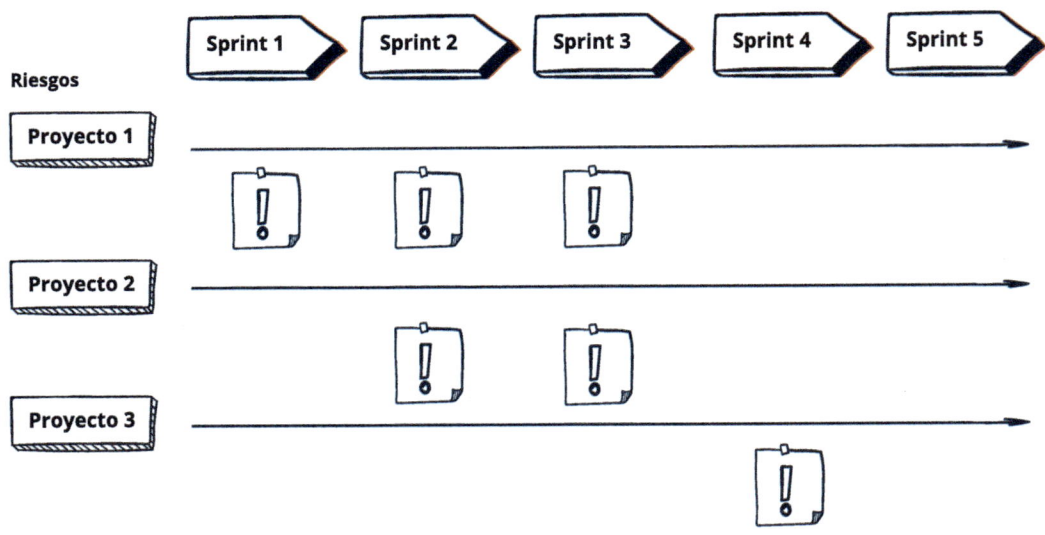

Configuración Panel de control de flujo de trabajo

El panel de control es la herramienta general de trabajo donde se recopila todo el flujo del proyecto. Está configurado sobre los siguientes componentes:

Portfolio

Proyecto o Actividad	Estado	Sprint	Fase	Squads	Cronograma		Dependencias
Proyecto 1					Real	Base	
Proyecto 2							
Proyecto 3							

Grupos

Grupos

Los grupos son grandes líneas de trabajo a nivel de porfolio. Sirven para agrupar conjuntos de tareas comunes con una entidad global. Por ejemplo, las líneas de proyecto.

- Líneas de actuación: Son tareas globales de gestión de proyectos. Pueden estar desacopladas del bloque de proyectos cuando sean aplicables para 2 o más proyectos (algunos ejemplos son: gestiones para licitaciones, solicitudes de fondos, gestión permisos, evaluaciones preliminares, búsqueda de documentación, etc.)

- Proyectos: grupos que engloban todas las fases y tareas de los proyectos.

- Rutinas y otras tareas del Agile Project Manager: Tareas y eventos correspondientes que tienen lugar a lo largo de todo el proyecto (Kick off, Sprint Planning, Weekly Meeting, Retospective, etc.)

- Otros eventos que sean significativos para el proyecto.

Estado

Situación de una tarea o grupo de tareas de un proyecto. Podemos distinguir los siguientes estados:

- Backlog sin planificar: tareas enmarcadas en un grupo pero que no cuentan con una planificación. Pueden estar definidas para Sprints posteriores que, aunque se hayan preestablecido, no cuentan con una planificación todavía.

- Backlog planificado: tareas que ya están incluidas en un sprint planificado.

- En proceso: tareas que forman parte del trabajo en progreso en el sprint actual.

- Estancado. Tarea que requiere de un proceso de desbloqueo por parte del equipo de desarrollo o gestionarse con cliente/Sponsor.

- Verificación: Solo si es aplicable y la tarea requiere de un paso específico de verificación por algún miembro del equipo de desarrollo.

- Completado: tarea completada. Es imprescindible que la definición de completado sea entendida y compartida por todas las partes: equipo de desarrollo, APM, especialista de procesos y cliente.

Sprint Planning

De Sprint 0 (hasta los que se definan según la duración del proyecto)

Las tareas son estructuradas en el planning en tareas generales y subtareas. Cuando las subtareas se extienden más allá del Sprint actual, se debe indicar el próximo Sprint.

Si se producen replanificaciones por no completar una tarea que tiene todas las subtareas en un sprint se identificará como replanificada. Esto será útil para calcular el indicador de adherencia al Sprint.

Fase

Indicamos las fases sobre las que se vertebrará el proyecto.

Serán estándar para la gestión de todo el porfolio, asumiendo que las fases técnicas pueden variar por proyectos.

La definición de las fases conlleva aportar la siguiente información: nombre y descripción de la fase; inputs o información de partida; outputs (hitos, entregables); qué valor aporta en el proyecto; criterios de cumplimiento y secuencia para su ejecución (a qué otras fases precede o sigue).

Squads

Este campo indica a qué Squad corresponde la ejecución de la tarea. Puede ser adecuado dividir la tarea en subtareas para facilitar un seguimiento en mayor grado de detalle.

Colaborador

Si en el proyecto intervienen varias empresas externas es buena práctica asignarles sus propias tareas o subtareas, lo que permite enfocar de manera sencilla las responsabilidades de cada una de ellas.

Cronograma

En el sprint planning se definirá el cronograma de ejecución de las tareas.

Se realizará la línea base prevista y luego en la Weekly Meeting se irá actualizando la línea de cronograma real.

De esta manera conseguiremos visualizar la precisión de la planificación y establecer aprendizajes en el caso de que haya desviaciones para futuras planificaciones.

Dependencia

Para establecer cadenas críticas del proyecto puede darse el caso de que haya tareas que sean dependientes unas de otras

Las dependencias pueden ser flexibles - si la terminación de una tarea no impide el inicio o fin de otras; o bien rígidas, en cuyo caso pueden ser definidas mediante restricciones FS-FF-SF-SS según aplique.

S: Start

F: Finish

Definición de funciones de los roles del equipo facilitador

Cada uno de los roles del equipo lleva asociado una definición de funciones de gestión, así como el nivel de capacitación necesario para desempeñar su función de forma óptima.

Para la definición de estos roles seguiremos el sistema de clasificación ILUO que establece niveles de capacitación para cada función en función de la siguiente escala:

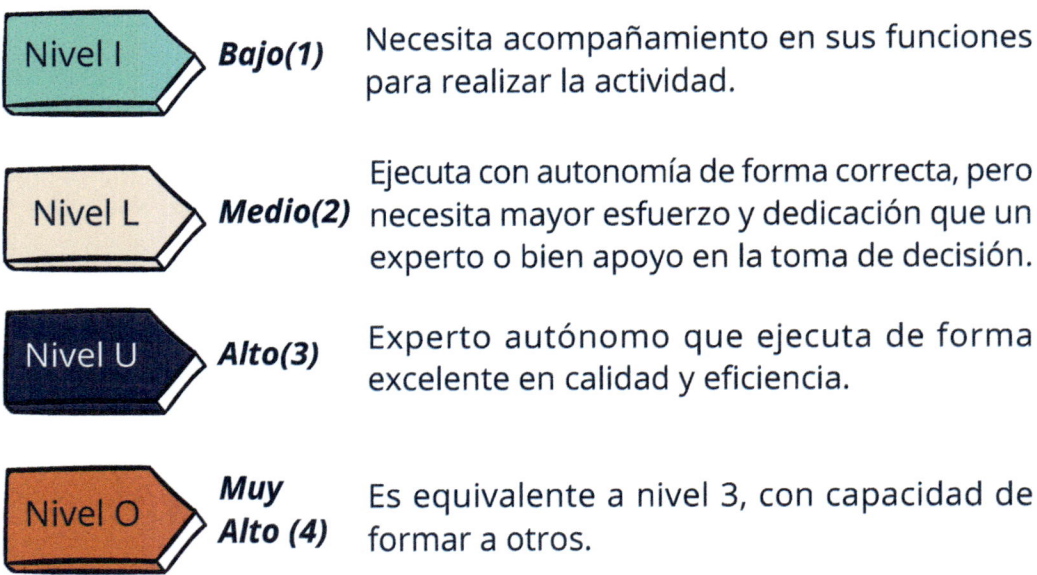

Nivel I	Bajo(1)	Necesita acompañamiento en sus funciones para realizar la actividad.
Nivel L	Medio(2)	Ejecuta con autonomía de forma correcta, pero necesita mayor esfuerzo y dedicación que un experto o bien apoyo en la toma de decisión.
Nivel U	Alto(3)	Experto autónomo que ejecuta de forma excelente en calidad y eficiencia.
Nivel O	Muy Alto (4)	Es equivalente a nivel 3, con capacidad de formar a otros.

La evaluación de los candidatos para ocupar cada rol debe hacerse, bien por parte de la oficina de proyectos; bien a través de los niveles superiores del departamento que ponga en marcha la metodología Flow Engineering, en base a su conocimiento del nivel de capacitación de los equipos de trabajo.

Esta evaluación es orientativa y cada organización puede adaptarla según sus propias características.

Definición funciones Agile Project Manager

Requerimientos	Nivel óptimo
Habilidades directivas.	4
Experiencia en desarrollo de proyectos del sector.	4
Visión de Negocio. Ser la voz del cliente. Autoridad y credibilidad para serlo.	4
Capacidad de asumir la máxima responsabilidad interna en la consecución de los objetivos del proyecto.	4
Capacidad para construir el equipo, identificando y negociando la incorporación de recursos internos y externos.	4
Formación y experiencia en la aplicación en enfoque híbrido y rutinas ágiles.	3
Capacidad de negociación y enfoque a resultados.	4
Capacidad de gestión y dinamización de equipos.	4

Definición funciones Especialista de procesos

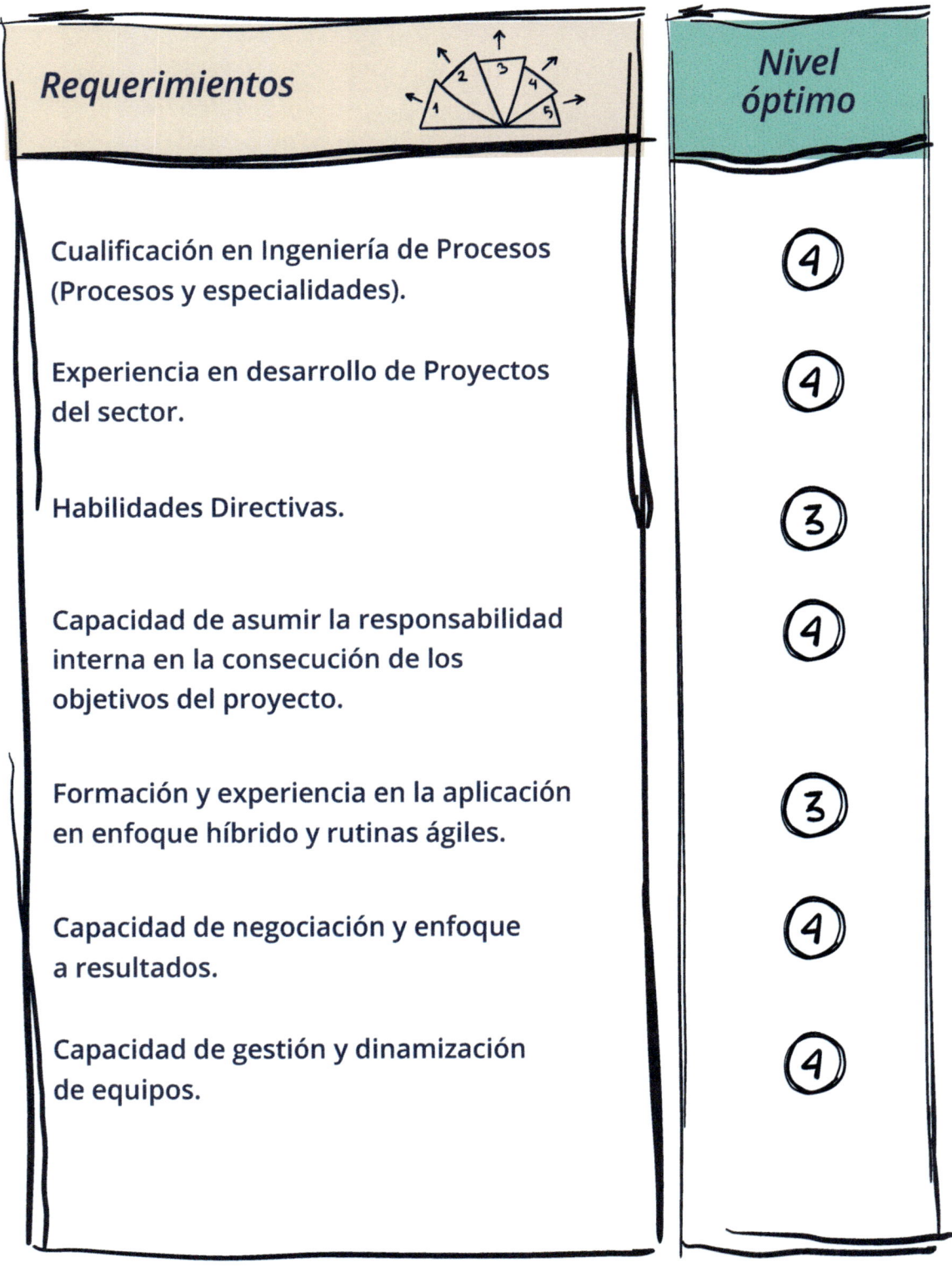

Requerimientos	Nivel óptimo
Cualificación en Ingeniería de Procesos (Procesos y especialidades).	4
Experiencia en desarrollo de Proyectos del sector.	4
Habilidades Directivas.	3
Capacidad de asumir la responsabilidad interna en la consecución de los objetivos del proyecto.	4
Formación y experiencia en la aplicación en enfoque híbrido y rutinas ágiles.	3
Capacidad de negociación y enfoque a resultados.	4
Capacidad de gestión y dinamización de equipos.	4

Definición funciones Scrum Master

Requerimientos	Nivel óptimo
Formación y experiencia en enfoque hibrido y rutinas agile.	3
Certificación Scrum Master y/o PMP.	4
Planificación, seguimiento y control de proyectos, dinamización y coordinación de reuniones de trabajo.	4
Habilidades directivas.	2
Visión de Negocio.	2
Capacidad de negociación y enfoque a resultados.	3
Capacidad de gestión y acompañamiento de equipos de trabajo.	4
Autonomía para adaptar, negociar y poner en marcha modificaciones y cambios en la metodología en coordinación con elAgile Project Manager.	3
Experiencia en uso de herramientas digitales de gestión de proyectos.	3
Experiencia en la gestión y documentación del conocimiento a nivel corporativo y reporting.	3

Glosario

Glosario

Glosario

Agile Project Manager

Profesional que guía y facilita equipos ágiles, asegurando la entrega de valor y adaptabilidad en proyectos complejos.

Backlog

Lista priorizada de tareas o elementos pendientes de realizar en un proyecto, utilizada en metodologías ágiles para planificación y seguimiento.

Ciclo Vida Del Proyecto

Secuencia de fases, desde la concepción hasta la finalización, que guía el desarrollo y gestión de proyectos.

Cliente

Individuo, empresa o entidad que adquiere bienes o servicios de otro, generando una relación comercial o transacción.

Cross

Miembros de un Squad que trabajan de manera monográfica y temporal en tareas específicas.

Curvas S en Proyectos

Representación gráfica que muestran el avance o progreso del proyecto a lo largo del tiempo.

Dashboard

Panel visual que presenta información clave de manera accesible y fácil de entender, facilitando la toma de decisiones informadas.

Deadline

Fecha límite para completar una tarea o proyecto, crucial para la planificación y entrega de objetivos específicos.

Definición de Completado

En contextos ágiles, un elemento o tarea está completo y cumple con los criterios de aceptación para su entrega.

Enfoque Ágil

Filosofía de desarrollo que valora la flexibilidad, adaptabilidad y colaboración para entregar productos de alta calidad de manera incremental y rápida.

Entrega de Valor

Proceso que proporciona beneficios significativos y útiles a los clientes, cumpliendo sus necesidades y expectativas de manera efectiva.

Épicas

Historias de usuario de gran escala que describen funcionalidades extensas, desglosadas en tareas más pequeñas para su implementación ágil.

Especialista De Proceso

Profesional que impulsa y coordina trabajos técnicos entre diversos Squads y Cross. Su responsabilidad incluye garantizar la calidad y verificar las entregas de valor. Este rol exige un alto nivel de competencia en el ámbito o dominio técnico sobre el que se desarrolla el proyecto.

Estructura Deglose de Trabajos

Desglose jerárquico de tareas en un proyecto para facilitar la planificación, asignación y seguimiento detallado.

Facilitadores

Secuencia de fases, desde la concepción hasta la finalización, que guía el desarrollo y gestión de proyectos.

Feedback

Retroalimentación que comunica observaciones, opiniones o evaluaciones sobre un desempeño o producto, facilitando la mejora continua y ajustes necesarios.

Flow

Secuencia visual de pasos y actividades en un proceso, diseñada para mejorar eficiencia, identificar cuellos de botella y optimizar resultados. En el contexto de este libro, "flow" también describe aquella cualidad de los equipos de trabajo ágiles que han conseguido alcanzar altos niveles de eficiencia y compenetración en la ejecución de los proyectos.

Gantt Chart

Gráfico de barras que visualiza el cronograma de un proyecto, mostrando tareas, duración y dependencias, facilitando la planificación y seguimiento del progreso.

GAP

Diferencia entre el estado actual y el deseado. Brecha, obstáculo, carencia o laguna de cualquier tipo que debe ser solucionada para introducir mejoras en un proceso o sistema.

Incrementos

Avances progresivos y acumulativos en el desarrollo de un producto o proyecto, obteniendo mejoras tangibles y funcionales en cada etapa.

Inputs

Datos, información o recursos que se ingresan a un proceso o sistema para su funcionamiento y procesamiento adecuado.

ISBL

Inside Battery Limits. Término utilizado en el ámbito de proyectos industriales. Se refiere a la parte del alcance que incluye el área de proceso de una instalación, aquella donde se "crea" el producto, incluyendo todos los equipos principales.

Iteraciones

Repeticiones cíclicas en el desarrollo de proyectos o procesos, permitiendo revisiones y ajustes continuos para mejorar eficiencia y resultados.

Kanban

Sistema visual de gestión que optimiza el flujo de trabajo, limita el trabajo en curso y mejora continuamente la eficiencia operativa.

Kick Off Meeting

Reunión inicial que marca el inicio de un proyecto, donde se establecen objetivos, roles y mapa de proyecto inicial.

KPI (Key Performance Indicator)

Indicador clave de rendimiento: métrica utilizada para evaluar el rendimiento y el éxito en la consecución de objetivos específicos.

Lead Time

Tiempo transcurrido desde que se inicia un proceso hasta que se completa, incluyendo todo el ciclo de producción.

Lean Manufacturing

Filosofía de producción eficiente que elimina desperdicios, optimiza procesos y entrega valor al cliente, originada en el sistema Toyota.

Lecciones Aprendidas

Conocimientos extraídos de experiencias en proyectos, aplicados para mejorar prácticas y resultados en futuros proyectos o situaciones similares.

Mapa de Proyecto

Representación visual que organiza y muestra la estructura, tareas, dependencias e hitos clave de un proyecto específico.

Matriz ABC

Herramienta de clasificación que prioriza elementos según su esfuerzo e impacto, definiendo una escala de mayor a menor relevancia para priorizar y optimizar recursos y esfuerzos.

Metodología Ágil

Enfoque flexible y colaborativo para el desarrollo de proyectos, priorizando adaptabilidad, iteración rápida y entrega continua de valor.

Metodología Waterfall

Método de desarrollo de proyectos secuencial y lineal, donde las fases avanzan en etapas predefinidas sin retrocesos.

OSBL

Parte del alcance un proyecto relacionada con las instalaciones auxiliares y servicios que dan soporte al proceso principal. La separación entre el ISBL y el OSBL de un proyecto se define a través unos Límites de Batería, que son barreras o fronteras establecidas a nivel geográfico o funcional.

PMIS

Project Management Information System: sistema que facilita la planificación, ejecución y seguimiento de proyectos, centralizando información y recursos.

Porfolio

Conjunto de inversiones, proyectos o productos gestionados por una entidad o individuo, con el objetivo de optimizar resultados y riesgos.

Porfolio Backlog

Lista de proyectos y actividades pendientes, organizada y priorizada, que constituye el conjunto de proyectos en espera.

Refinamiento Backlog

Proceso regular en metodologías ágiles para revisar, detallar y priorizar elementos en la lista de tareas pendientes del proyecto.

Retrospectiva

Reunión al final de un ciclo en metodologías ágiles, donde el equipo reflexiona sobre su desempeño y planifica mejoras.

Rutinas ágiles

Prácticas diarias o ceremonias en metodologías ágiles, como reuniones diarias y retrospectivas, que promueven la colaboración y adaptabilidad continua.

Scrum

Marco de gestión que los equipos utilizan para organizarse de forma autónoma y trabajar en aras de alcanzar un objetivo común. Describe un conjunto de reuniones, herramientas y funciones para entregar proyectos de forma eficiente.

Scrum Master

Facilitador y líder de equipo en metodología ágil, elimina obstáculos, promueve la autoorganización y mejora continuamente el proceso.

Scrumban

Combinación de prácticas del método Ágil Scrum con enfoques de Kanban, optimizando la flexibilidad y la visibilidad en el proceso de desarrollo.

Sistema ABC

Desarrollado por Toyota para la optimización de los sistemas de stocks en almacén. Consiste básicamente en clasificar el stock de productos por prioridades, en función de unos criterios determinados.

Sistema Pull

En producción, método donde la demanda del cliente determina la producción, evitando el exceso de inventario y optimizando eficiencia.

Site Assessment

Evaluación del sitio o localización de un proyecto con el objetivo de analizar las condiciones ambientales, infraestructura y requisitos de construcción y seguridad que deben tenerse en cuenta para su ejecución.

Sponsor

Individuo o entidad que respalda y financia un proyecto, brindando apoyo, y toma de decisiones estratégicas.

Sprint Backlog

Lista de tareas específicas seleccionadas para realizarse durante un sprint en la metodología ágil, impulsando objetivos definidos y entregas incrementales.

Sprint Planning

Rutina ágil de planificación ágil donde el equipo selecciona y planifica las tareas para el próximo sprint, asegurando claridad y compromiso.

Sprint Review

Reunión al final de un sprint en metodología ágil, donde se revisan y discuten los resultados con Stakeholders para obtener retroalimentación.

Sprints

Periodos cortos y enfocados de trabajo en desarrollo ágil, generalmente de 4 semanas, para lograr objetivos específicos definidos en el Sprint Planning.

Squad

Equipo multifuncional y autoorganizado en metodologías ágiles, dedicado a objetivos específicos, fomentando la colaboración y responsabilidad compartida.

Stakeholders

Partes interesadas en un proyecto o empresa, como clientes, empleados y socios, que pueden influir o ser afectados por decisiones.

Tecnólogo

Profesional especializado en aplicar conocimientos tecnológicos para desarrollar, implementar o mejorar procesos y productos en diversos campos industriales.

Tracción de un Proyecto

Se utiliza este término para describir la capacidad del equipo de proyecto para avanzar de manera continua y sostenida en el tiempo hacia la consecución de las metas y objetivos.

Weekly Meeting

Reunión semanal para revisar progresos, discutir desafíos y coordinar Acciones, mejorando la comunicación y alineación en el equipo.

WIP (Work in Progress)

Trabajo en curso, representa las tareas en proceso de ejecución, pero aún no completadas en un proyecto o flujo de trabajo.

Sobre los autores

DANIEL SÁNCHEZ SÁNCHEZ

Economista, MBA, certificado PMP®, está especializado en transformación de empresas, mejora de procesos (Black Belt Lean Management) y en gestión ágil de proyectos (SCRUM, XP, Lean Startup.)

Su trayectoria profesional abarca distintos sectores como banca, industria, finanzas y sector público; trabajando en el diseño de estrategias y programas de transformación y gestión del cambio; y en la implementación de proyectos de diversas tipologías como digitalización, robótica, mejora continua y emprendimiento.

RAFAEL MORENO BADIA

Ingeniero mecánico por la ETSSII San Sebastián. Ha desarrollado gran parte de su carrera profesional como director de proyectos de ingeniería, en diferentes sectores industriales: acería, industria química, polímeros y refino.

Ha liderado iniciativas en las áreas de seguridad industrial, eficiencia energética, tecnología industrial, digitalización, mejora continua y re-ingeniería de procesos, premiadas en certámenes de innovación industrial como I+D+I for a Sustainability y Smart Energy Operations.